高等职业教育示范专业系列教材
机械设计与制造专业

机械设计基础习题集及学习指导

主　编　李国斌　侯文峰
副主编　文丽丽　王飞飞　陈玲琳　赵江平
参　编　邝卫华　刘　杰　佘少玲　付　茜

机械工业出版社

本习题集为李国斌主编的《机械设计基础（含工程力学）》的配套教材，内容包括：绪论，静力学，拉伸和压缩，剪切、挤压和扭转，弯曲，组合变形的强度计算，平面机构运动简图与自由度，平面连杆机构，凸轮机构，间歇运动机构，联接，带传动和链传动，齿轮传动，蜗杆传动，轮系，轴，轴承，其他常用零部件，机械的平衡与调速。

为帮助读者更好地学习和掌握"机械设计基础"课程的基本知识和基本技能，本习题集按教学的基本要求，将每章的主要内容、重点和难点一一给予提示。习题部分题目类型力求多样化，包括单项选择题、判断题、填空题、简答题、分析计算题（或实作题）等。题目设计注意难易梯度，注重与工程实践相结合，以提高学生分析问题和解决问题的能力。

本习题集的附录部分提供了四套自测试题，供学完本课程的读者作自我检查之用。本习题集可作为高等职业技术学院、高等专科学校、成人高校及本科院校举办的二级职业技术学院机械、机电及近机类专业的教学使用，也可供相关工程技术人员参考。

图书在版编目（CIP）数据

机械设计基础习题集及学习指导/李国斌，侯文峰主编. —北京：机械工业出版社，2015.5（2025.8重印）

高等职业教育示范专业系列教材. 机械设计与制造专业

ISBN 978-7-111-50087-2

Ⅰ.①机… Ⅱ.①李…②侯… Ⅲ.①机械设计-高等职业教育-教学参考资料 Ⅳ.①TH122

中国版本图书馆 CIP 数据核字（2015）第 087065 号

机械工业出版社（北京市百万庄大街22号　邮政编码100037）
策划编辑：王海峰　责任编辑：安桂芳　王海峰　版式设计：霍永明
责任校对：闫玥红　封面设计：鞠　杨　　　　　　责任印制：刘　媛
北京富资园科技发展有限公司印刷
2025年8月第1版第7次印刷
184mm×260mm・9.25印张・210千字
标准书号：ISBN 978-7-111-50087-2
定价：29.80元

电话服务　　　　　　　　网络服务
客服电话：010-88361066　机　工　官　网：www.cmpbook.com
　　　　　010-88379833　机　工　官　博：weibo.com/cmp1952
　　　　　010-68326294　金　书　网：www.golden-book.com
封底无防伪标均为盗版　　机工教育服务网：www.cmpedu.com

前言

本习题集是高等职业教育示范专业系列教材《机械设计基础（含工程力学）》的配套用书，也是各类职业院校"机械设计基础"课程的辅助教材。本书紧扣教学目的与要求，按照单元的顺序编排，包括基本要求、重点和难点、习题（含答案）、自测试题（含答案）等几个环节，目的是帮助读者进一步理解本课程的基本内容，明确学习的基本要求，掌握重点，理解难点，通过练习加深理解，进一步巩固教材内容，掌握本门课程的基本理论、基础知识、基本方法和基本技能，从而达到良好的学习效果。本书满足各类职业院校学生的需要，注重与工程实践相结合，以提高学生分析问题和解决问题的能力。

本习题集可作为高等职业技术学院、高等专科学校、成人高校及本科院校举办的二级职业技术学院等机械、机电及相关专业的教辅用书，也可供准备参加专升本考试的学生复习参考。

参加本习题集编写的有：广州番禺职业技术学院的李国斌、侯文峰、邝卫华、佘少玲、刘杰、付茜，广州科技贸易职业学院的文丽丽，新乡职业技术学院的王飞飞，安徽工业经济职业技术学院的陈玲琳，中山火炬职业技术学院的赵江平。

本书由李国斌、侯文峰任主编，并由李国斌统稿和定稿，文丽丽、王飞飞、陈玲琳、赵江平任副主编。

限于编者水平，书中错误和不妥之处在所难免，殷切希望使用本书的读者批评指正。

编　者

目 录

前言
绪论 ··· 1
  0.1 基本要求 ·· 1
  0.2 重点和难点 ··· 1
  0.3 习题 ··· 1
第1章 静力学 ··· 3
  1.1 基本要求 ·· 3
  1.2 重点和难点 ··· 3
  1.3 习题 ··· 3
第2章 拉伸和压缩 ·· 15
  2.1 基本要求 ··· 15
  2.2 重点和难点 ·· 15
  2.3 习题 ·· 15
第3章 剪切、挤压和扭转 ·· 20
  3.1 基本要求 ··· 20
  3.2 重点和难点 ·· 20
  3.3 习题 ·· 20
第4章 弯曲 ··· 25
  4.1 基本要求 ··· 25
  4.2 重点和难点 ·· 25
  4.3 习题 ·· 25
第5章 组合变形的强度计算 ··· 29
  5.1 基本要求 ··· 29
  5.2 重点和难点 ·· 29
  5.3 习题 ·· 29
第6章 平面机构运动简图与自由度 ···································· 33
  6.1 基本要求 ··· 33
  6.2 重点和难点 ·· 33
  6.3 习题 ·· 33
第7章 平面连杆机构 ·· 38
  7.1 基本要求 ··· 38
  7.2 重点和难点 ·· 38
  7.3 习题 ·· 38
第8章 凸轮机构 ··· 43
  8.1 基本要求 ··· 43
  8.2 重点和难点 ·· 43
  8.3 习题 ·· 43
第9章 间歇运动机构 ·· 48
  9.1 基本要求 ··· 48
  9.2 重点和难点 ·· 48
  9.3 习题 ·· 48
第10章 联接 ··· 51
  10.1 基本要求 ·· 51
  10.2 重点和难点 ··· 51
  10.3 习题 ··· 51
第11章 带传动和链传动 ··· 56
  11.1 基本要求 ·· 56
  11.2 重点和难点 ··· 56
  11.3 习题 ··· 56
第12章 齿轮传动 ·· 61
  12.1 基本要求 ·· 61
  12.2 重点和难点 ··· 61
  12.3 习题 ··· 61
第13章 蜗杆传动 ·· 67
  13.1 基本要求 ·· 67
  13.2 重点和难点 ··· 67
  13.3 习题 ··· 67
第14章 轮系 ··· 72
  14.1 基本要求 ·· 72
  14.2 重点和难点 ··· 72

14.3 习题	72	17.3 习题	84
第15章 轴	76	**第18章 机械的平衡与调速**	88
15.1 基本要求	76	18.1 基本要求	88
15.2 重点和难点	76	18.2 重点和难点	88
15.3 习题	76	18.3 习题	88
第16章 轴承	80	**附录**	91
16.1 基本要求	80	附录A 习题参考答案	91
16.2 重点和难点	80	附录B 机械设计基础自测试题	119
16.3 习题	80	附录C 机械设计基础自测试题参考答案	132
第17章 其他常用零部件	84	**参考文献**	139
17.1 基本要求	84		
17.2 重点和难点	84		

绪 论

0.1 基本要求

1) 掌握机械、机器、机构、零件、通用零件和专用零件的概念。
2) 了解本课程的研究对象和内容,以及本课程的性质和任务。

0.2 重点和难点

1) 本章重点理解机器的特征、了解机械设计的基本要求及内容。
2) 本章难点是对机器、机构和零件的认识。

0.3 习题

1. 单项选择题

(1) 机器的特征是:1) 人为的实物组合,2) 各组成部分之间具有确定的相对运动,3) 能代替或减轻人类的劳动,完成有用的机械功或转换机械能。其中(　　)是从机器的组成方面总结了机器的特征。

　　A. 1) 和 2)　　　　B. 2)　　　　C. 1) 和 3)　　　　D. 1) 2) 和 3)

(2) 机器与机构的主要区别是(　　)。

　　A. 机器的运动较复杂　　　　　　　　B. 机器的结构较复杂
　　C. 机器能完成有用的机械功或转换机械能　　D. 机器能变换运动形式

(3) 下列五种实物:1) 车床,2) 游标卡尺,3) 洗衣机,4) 齿轮减速器,5) 机械式钟表,其中(　　)是机器。

　　A. 1) 和 2)　　　B. 1) 和 3)　　　C. 1)、2) 和 3)　　　D. 4) 和 5)

(4) 下列实物:1) 台虎钳,2) 百分表,3) 水泵,4) 台钻,5) 牛头刨床工作台升降装置,其中(　　)是机构。

　　A. 1)、2) 和 3)　　B. 1)、2) 和 5)　　C. 1)、2)、3) 和 4)　　D. 3)、4) 和 5)

(5) 下述(　　)是构件概念的正确表述。

A. 构件是机器零件组合而成的   B. 构件是机器的装配单元

C. 构件是机器的制造单元   D. 构件是机器的运动单元

(6) 下列实物：1) 螺钉，2) 起重吊钩，3) 螺母，4) 键，5) 缝纫机脚踏板，其中（ ）属于通用零件。

A. 1)、2) 和 5)   B. 1)、2) 和 4)   C. 1)、3) 和 4)   D. 1)、4) 和 5)

(7) 下列七种机构零件：1) 起重机的抓斗，2) 电风扇的叶片，3) 车床主轴箱中的齿轮，4) 柴油机的曲轴，5) 压气机上的 V 带带轮，6) 洗衣机上的波轮，7) 自行车上的链条，其中有（ ）属于专用零件。

A. 3 种   B. 4 种   C. 5 种   D. 6 种

2. 判断题（正确的划√，错误的划×）

( ) (1) 机器是由机构组合而成的，机构的组合一定就是机器。

( ) (2) 机构都是可动的。

( ) (3) 一个零件可以是一个构件。

( ) (4) 多个零件可以是一个构件。

( ) (5) 多个构件可以是一个零件。

( ) (6) 机械和机器是一样的。

( ) (7) 机构能实现功能的转换。

( ) (8) 机构能实现既定的相对运动。

( ) (9) 构件是机器的运动单元。

3. 简答题

(1) 机构与机器有什么区别？举生活中一两个实例说明机构与机器各自的特点及其联系。

(2) 简述机械的基本含义。

(3) 简述构件和零件的区别与联系，并用实例说明。列举出多个常用的通用机械零件。

(4) 简述"机械设计基础"课程的主要研究对象和内容。

(5) 简述"机械设计基础"课程在专业学习中的性质。

(6) 机械零件常见的失效形式有哪些？为什么说强度满足条件的零件，其刚度不一定满足条件；而刚度满足条件的零件，一般均满足强度条件？

第1章

静力学

1.1 基本要求

1）正确理解和掌握力、刚体和平衡的概念，正确理解和掌握静力学基本公理的概念以及应用，正确理解和掌握刚体、力和力系、合力与分力、力的内外效应平衡、约束和约束反力。掌握常见典型约束性质与约束反力的确定、力多边形法则、分离体和受力图的画法。

2）正确理解和掌握力的投影、合力投影定理及力对点之矩的概念和计算，正确理解和掌握平面汇交力系的平衡方程式的应用。

3）正确理解和掌握"力向一点平移"的方法和主矢、主矩的概念，正确理解和掌握平面任意力系平衡方程及其应用。

4）正确理解和掌握空间力在空间直角坐标轴的投影，正确理解和掌握空间力对空间直角坐标轴的力矩、空间一般力系的平衡方程及其应用、平行力系的中心及物体的重心。

1.2 重点和难点

1）本章重点是力、刚体和平衡的概念，静力学基本定理的概念以及应用，受力图，力的投影和合力投影定理，平面汇交力系的平衡方程式的应用。力的平移定理，平面力系的简化，固定端约束，平面任意力系的平衡方程的应用，轴系零件支反力的求解。空间力的投影和力对轴的矩。

2）本章难点是二力构件的判断，二力平衡原理和三力平衡原理的应用，单个物体受力图的画法和平衡方程式的应用技巧，力的平移定理，固定端约束力的确定，空间结构的几何关系。

1.3 习题

1. 单项选择题

（1）图1-1所示的均质圆球放在光滑的斜面上，斜面的倾角 $\alpha = 45°$，圆球重 $P = 10\text{kN}$，受一与斜面平行的拉力 F_T 作用而平衡，则斜面对圆球的约束反力的大小为（　　）。

A. $5\sqrt{2}$ kN B. $10\sqrt{2}$ kN C. $15\sqrt{2}$ kN D. $20\sqrt{2}$ kN

(2) 图1-2所示结构中，杆 AD 的 D 端作用水平力 $\boldsymbol{F}$，支座 B 对折杆 BC 的约束力方向应为（ ）。

A. 水平方向 B. 沿 BC 连线 C. 铅垂方向 D. 沿 BD 连线

(3) 在图1-3所示的平面结构中，不计自重和摩擦，杆 AC 上作用有一力偶矩为 M 的力偶，则支座 A 处的约束反力 $\vec{F}_A$ 与水平线所夹的锐角 θ 为（ ）。

A. 60° B. 45° C. 30° D. 0°

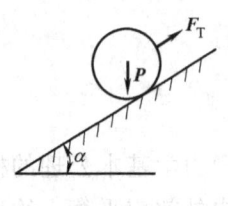
图1-1

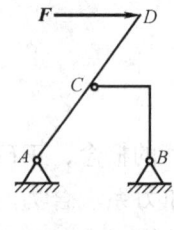
图1-2

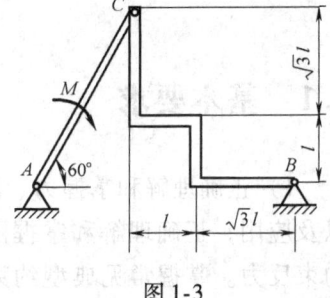
图1-3

(4) 平面汇交力系如图1-4所示，已知 $F_1 = F_2 = F_3 = 2$ kN，则该力系合力 F_R 的大小为（ ）。

A. $F_R = 4$ kN B. $F_R = 2(\sqrt{2}+1)$ kN
C. $F_R = 2(\sqrt{2}-1)$ kN D. $F_R = 2$ kN

(5) 图1-5所示的外伸梁 C 端作用一个力偶，其力偶矩为 M，则 B 处支座反力大小应为（ ）。

A. $\dfrac{M}{a}$ B. $\dfrac{2M}{3a}$ C. $\dfrac{M}{2a}$ D. $\dfrac{M}{3a}$

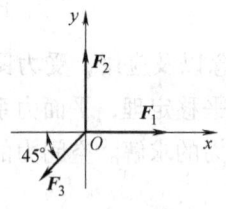
图1-4

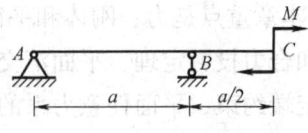
图1-5

(6) 一个不平衡的平面汇交力系，若满足 $\sum F_x = 0$ 的条件，则其合力的方位应是（ ）。

A. 与 x 轴垂直 B. 与 x 轴平行 C. 与 y 轴垂直 D. 通过坐标原点 O

(7) 已知力 $\boldsymbol{F}_1$ 和 $\boldsymbol{F}_2$ 都作用于同一点，其合力 $\boldsymbol{F}_R = \boldsymbol{F}_1 + \boldsymbol{F}_2$，则各力大小之间的关系为（ ）。

A. 必有 $F_R = F_1 + F_2$ B. 不可能有 $F_R = F_1 + F_2$
C. 必有 $F_R > F_1$，$F_R > F_2$ D. 可能有 $F_R < F_1$，$F_R < F_2$

(8) 图 1-6 所示物块重量为 Q，水平拉力 $P=0.3Q$，若物块与水平面间摩擦系数 $f=0.35$，则重物与水平面间的摩擦力应为（　　）。

A. Q　　　　B. $0.35Q$　　　　C. $0.3Q$　　　　D. 0

(9) 图 1-7 所示的斜面倾角为 30°，一重为 P 的物块放在斜面上，物块与斜面间静滑动摩擦系数 $f=0.6$，下述判断正确的是（　　）。

A. 不管 P 有多重，物块在斜面上总能保持平衡

B. P 有一极值，重量超过该极值物体下滑，否则处于平衡

C. 不管 P 有多轻，物块总要下滑

D. 物块虽不下滑，但它处于临界平衡状态

(10) 如图 1-8 所示，铅垂力 F 的作用点 A 的坐标 $x_A=a$，$y_A=b$，$z_A=0$，力 F 对三个坐标轴之矩大小应为（　　）。

A. $M_x(\boldsymbol{F})=Fa, M_y(\boldsymbol{F})=Fb, M_z(\boldsymbol{F})=0$

B. $M_x(\boldsymbol{F})=0, M_y(\boldsymbol{F})=Fa, M_z(\boldsymbol{F})=Fb$

C. $M_x(\boldsymbol{F})=Fb, M_y(\boldsymbol{F})=Fa, M_z(\boldsymbol{F})=0$

D. $M_x(\boldsymbol{F})=Fa, M_y(\boldsymbol{F})=Fb, M_z(\boldsymbol{F})=F\sqrt{a^2+b^2}$

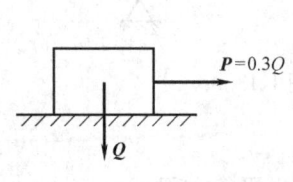
图 1-6

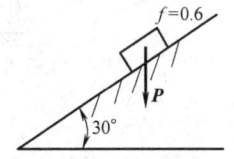
图 1-7

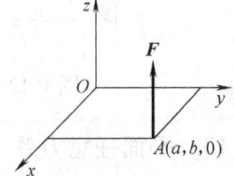
图 1-8

(11) 杆件尺寸如图 1-9 所示，受已知力 F 作用，则力 F 对 O 点的矩等于（　　）。

A. Fr　　　　B. $F(l+r)$　　　　C. $F(l-r)$　　　　D. Flr

(12) 平面汇交力系的合力对该平面内一点的矩（　　）。

A. 大于其各分力对该点的矩的代数和

B. 等于其各分力对该点的矩的代数和

C. 小于其各分力对该点的矩的代数和

D. 有时大于、有时小于其各分力对该点的矩的代数和

(13) 图 1-10 所示为由 F_1 和 F_2 组成的平面汇交力系，此力系的合力在 x 轴的投影大小为（　　）。

A. $F_1\cos\theta$　　　　B. $-F_1\cos\theta$　　　　C. $F_1\sin\theta$　　　　D. $F_1\cos\theta+F_2$

(14) 图 1-11 所示的等腰三角形均质薄板的重心位于（　　）。

A. a 点　　　　B. b 点　　　　C. c 点　　　　D. d 点

(15) 匀质薄板如图 1-12 所示，尺寸 $a=8\text{cm}$，$b=2\text{cm}$，y 轴为薄板对称轴，则薄板重心坐标为（　　）。

A. $y_c=-0.2\text{cm}$　　　　B. $y_c=-0.3\text{cm}$　　　　C. $y_c=-0.4\text{cm}$　　　　D. $y_c=-0.5\text{cm}$

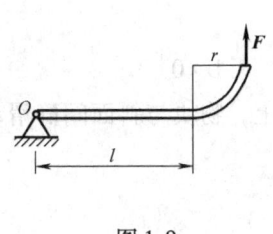

图 1-9

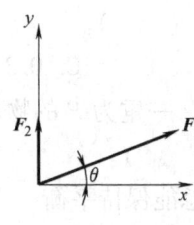

图 1-10

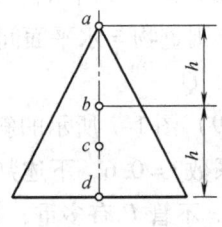

图 1-11

(16) 不计重量的三个杆件连接如图 1-13 所示，判断二力杆（　　）。
　　A. 三个杆件都不是　　　　　　　B. 其中有一个杆件是
　　C. 其中有一个杆件不是　　　　　D. 三个杆件都是

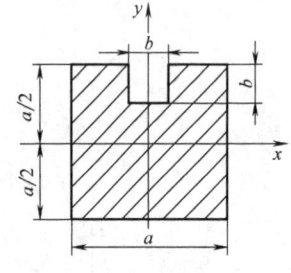

图 1-12

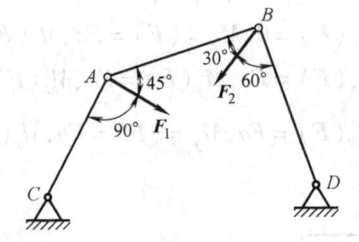

图 1-13

(17) 平面任意力系（　　）。
　　A. 可列出 1 个独立平衡方程　　　B. 可列出 2 个独立平衡方程
　　C. 可列出 3 个独立平衡方程　　　D. 可列出 6 个独立平衡方程

(18) 若平面任意力系为平衡力系，则该力系向任意一点 A 简化的结果一定是（　　）。
　　A. 主矢 $F'_R \neq 0$，主矩 $M_O = 0$　　　　B. 主矢 $F'_R = 0$，主矩 $M_O \neq 0$
　　C. 主矢 $F'_R = 0$，主矩 $M_O = 0$　　　　D. 主矢 $F'_R \neq 0$，主矩 $M_O \neq 0$

(19) 设有一个空间力 P，已知 x 轴方向的分力 $P_x \neq 0$，但该力对 x 轴之矩 $M_x(P) = 0$，则此力应（　　）。
　　A. 与 y 轴相交　　B. 与 z 轴相交　　C. 与 x 轴相交　　D. 与 z 轴垂直

(20) 两个力大小相等，分别作用于物体同一点处时，对物体的作用效果（　　）。
　　A. 必定相同　　　　　　　　　　B. 未必相同
　　C. 必定不同　　　　　　　　　　D. 只有在两力平行时相同

2. 判断题（正确的划√，错误的划×）

（　）(1) 力对点之矩与矩心位置有关，而力偶矩则与矩心位置无关。

（　）(2) 应用平面任意力系的二矩式方程解平衡问题时，两矩心位置均可任意选择，无任何限制。

（　）(3) 平面平行力系有三个独立的平衡方程。

（　）(4) 仅靠静力学平衡方程，无法求得静不定问题中的全部未知量。

（　）（5）作用力反作用力定律只适用于刚体。
（　）（6）在平面任意力系中，若力多边形自行封闭，则力系必平衡。
（　）（7）人拉车前进时，人拉车的力大于车拉人的力。
（　）（8）某力系在任一轴上的投影都等于零，则该力系一定是平衡力系。
（　）（9）一物体受到三个力的作用而处于平衡状态，则这三个力必然汇交于一点。
（　）（10）力偶对其作用面内任意点的力矩值恒等于此力偶的力偶矩，同时与力偶与矩心间的相对位置相关。
（　）（11）平面任意力系简化后，其主矢量与简化中心有关，主矩与简化中心无关。
（　）（12）力系的合力一定比各分力大。
（　）（13）平面汇交力系由多边形法则求的合力 F_R，其作用点仍为各力的汇交点，其大小和方向与各力相加的次序无关。
（　）（14）作用于物体上的力均可平移到物体的任一点，但必须同时增加一个附加力偶。
（　）（15）两端用光滑铰链连接的构件均为二力构件。
（　）（16）如果一个平面汇交力系的力多边形是封闭的，该力系必然是一个平衡的力系。
（　）（17）一平面任意力系对其作用面内某两点之矩的代数和均为零，而且该力系在过这两点连线的轴上投影的代数和也为零，因此该力系为平衡力系。
（　）（18）约束力的方向总是与物体被限制的运动方向相反。
（　）（19）在求解平衡问题时，受力图中未知约束反力的方向可以任意假设，如果计算结果是正值，那么假设方向就是实际指向。
（　）（20）作用于刚体上的力在刚体内沿其作用线移动而不改变其对刚体的运动效应。
（　）（21）只要保持力偶矩的大小和转向不变，改变力和力偶臂的大小，不改变力偶的作用效应。
（　）（22）只要两个力大小相等、方向相反，这两个力就组成一力偶。
（　）（23）若两个力大小相等，则这两个力就等效。
（　）（24）作用力与反作用力是一对平衡力。
（　）（25）物体的形心和重心二者总是重合的。
（　）（26）若一力与空间直角坐标系的 x 轴和 y 轴都相交，则该力在 z 轴上的投影为零。
（　）（27）在空间力系中，某力系在任意轴上的投影都等于零，则该力系一定是平衡力系。
（　）（28）摩擦力的方向总与物体之间相对滑动或相对滑动趋势的方向相反。

3. 填空题
(1) 使物体运动或产生运动趋势的力称为_____。
(2) 平面汇交力系平衡的必要和充分的几何条件是_____。
(3) 力作用在刚体上产生的运动效应有两种：_____和_____。

(4) 平面力偶系可以合成为一个合力偶，合力偶矩等于各分力偶矩的_____。

(5) 作用在刚体上同平面内的二力偶的等效条件是_____。

(6) 作用于刚体上的力，可沿其作用线任意移动其作用点，而不改变该力对刚体的作用效果，称为力的_____。

(7) 刚体只受两个力的作用而平衡，其平衡的必要与充分条件是：_____。

(8) 二力构件上的两个力，其作用线沿这两个力_____的连线。

(9) 力学中，未知量的个数≤相应的独立平衡方程数，能求得唯一解的问题称为_____问题。

(10) 静力学中，当所选分离体（或称研究对象）包括两个或者两个以上物体时，其中各物体间的相互作用力称为_____。

(11) 图1-14所示梁的支座反力无法由静平衡条件来全部确定，这种梁称为_____。

(12) 图1-15所示刚体上 A、B、C、D 四点分别作用力 $\vec{F_1}$、$\vec{F_2}$、$\vec{F_3}$、$\vec{F_4}$，且 $\vec{F_1} = -\vec{F_3}$，$\vec{F_2} = -\vec{F_4}$，则刚体能否处于平衡？_____。

(13) 图1-16中，力 F 在 x 轴上的投影等于_____，F 在 y 轴上的投影等于_____，F 在 z 轴上的投影等于_____。

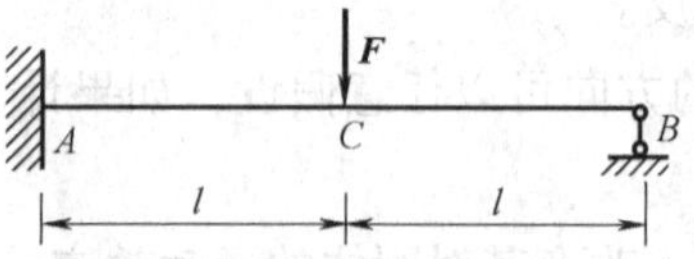

图1-14 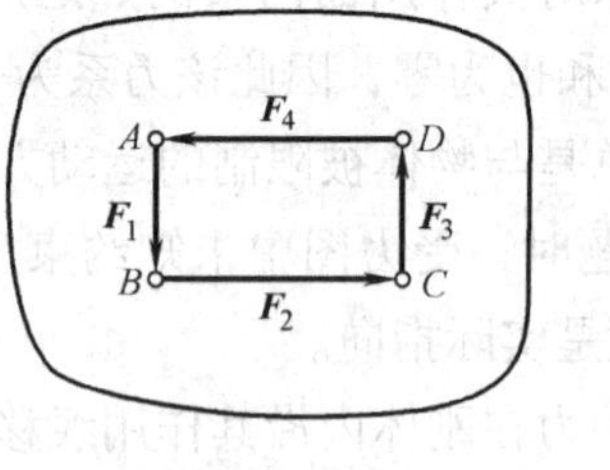　　　图1-15 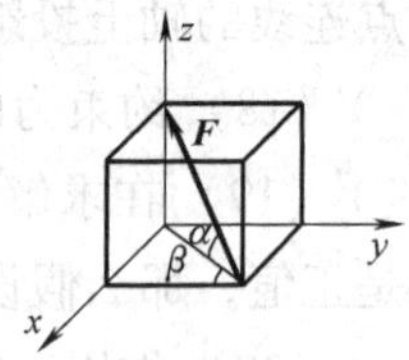　　　图1-16

(14) 两个相互接触的物体间有相对滑动或有相对（　　）时，在接触面之间产生的彼此阻碍其相对滑动的切向力，称为（　　）。

(15) 约束反力的方向总是与约束所能阻止物体运动的方向_____，绳索约束的约束反力恒为_____。光滑接触面的约束反力沿着接触面的_____方向。

(16) 平面任意力系平衡方程的三矩式，只有满足三个矩心_____的条件时，才能成为力系平衡的充要条件。

(17) 荷载是作用于结构上的主动力，可以简化为三种形式：_____、_____、_____。

(18) 当平面任意力系有合力时，合力对作用面内任意点的矩等于力系中各力对同一点之矩的_____。

(19) 在考虑摩擦的平衡问题中，只要主动力合力作用线与接触面法线间夹角的正切值小于或等于静滑动摩擦系数，则无论主动力的合力多大，物体都能处于_____。

(20) 当一物体沿另一物体接触面有相对滑动或有相对滑动趋势时，支承面对物体全反力与支承面法线间的夹角 φ_m 称为_____。

（21）空间任意力系独立的平衡方程个数为_____。

（22）空间汇交力系的平衡条件是_____、_____、_____。

（23）大小相等、方向相反且不共线的两个平行力组成的力系称为_____。

（24）如图 1-17 所示，直角弯杆的 A 端作用一与水平线成 60°夹角的力 $\vec{F}$，弯杆的几何尺寸如图所示，则力 $\vec{F}$ 对 O 点的矩 $M_O(\vec{F})$ =_____。

（25）如图 1-18 所示，直角弯杆 OAB 的 AB 段长度为 1m，O 端为光滑固定铰链支座，B 端放置于倾角为 30°的光滑斜面上。在弯杆上作用一力偶，其力偶矩 $M = 100\text{N} \cdot \text{m}$，弯杆的自重不计，则支座 O 处约束力的大小为_____N。

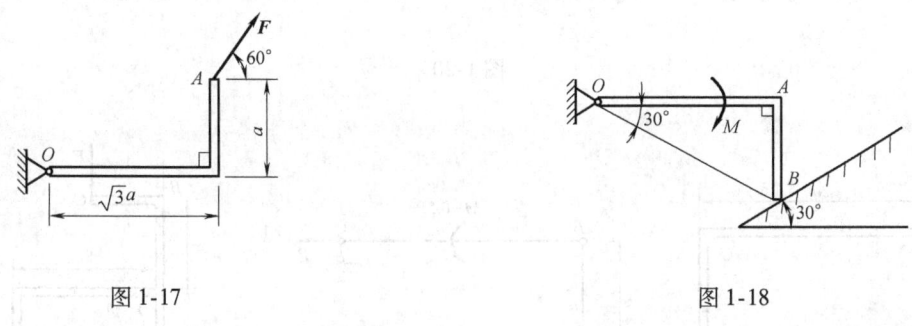

图 1-17　　　　　　图 1-18

（26）平面平行力系的平衡方程：$\sum M_A(\vec{F}) = 0$，$\sum M_B(\vec{F}) = 0$，其附加条件是 A、B 连线与各力作用线_____。

4. 分析计算题（或实作题）

（1）试用解析法求图 1-19 所示平面汇交力系的合力。

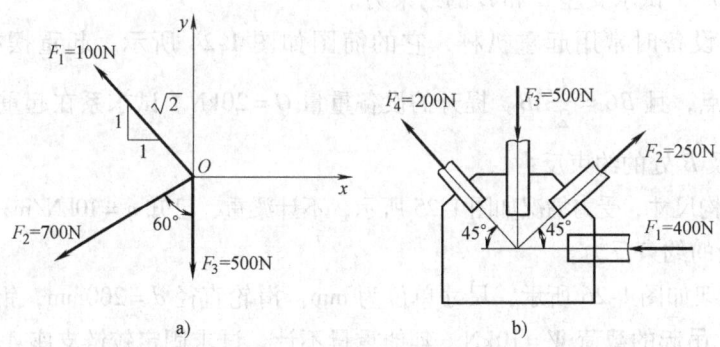

图 1-19

（2）已知 q、a，且 $F = qa$、$M = qa^2$。试求图 1-20 所示各梁的支座反力。

（3）水平力 F 作用在刚架的 B 点，如图 1-21 所示。若不计刚架重量，试求支座 A 和 D 处的约束力。

（4）结构尺寸及载荷如图 1-22 所示，试求固定端支座 A 和链杆支座 C 的约束反力。

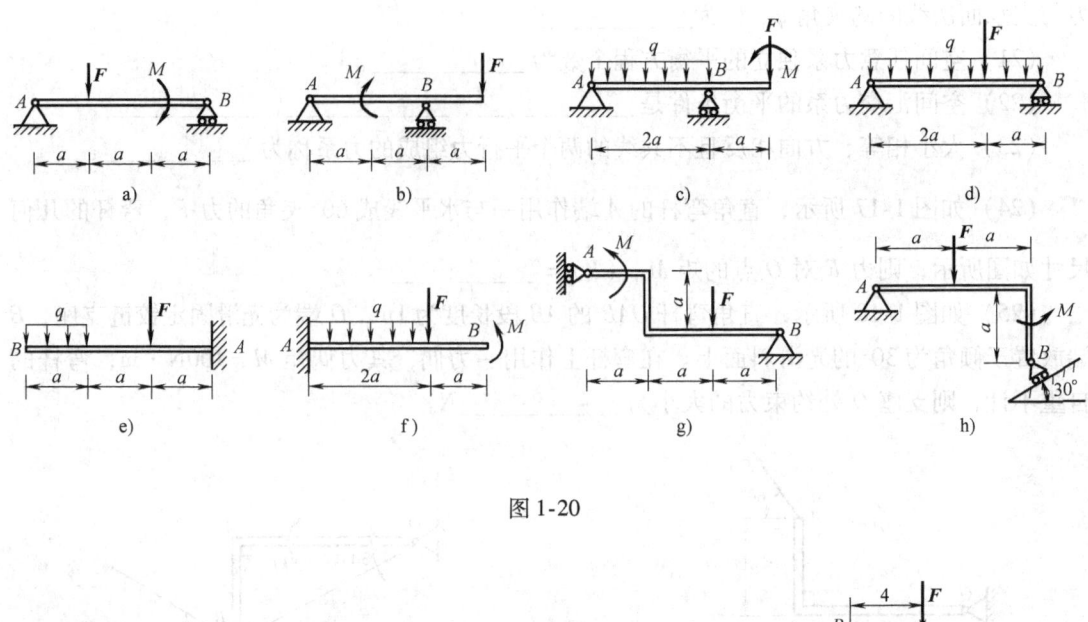

图 1-20

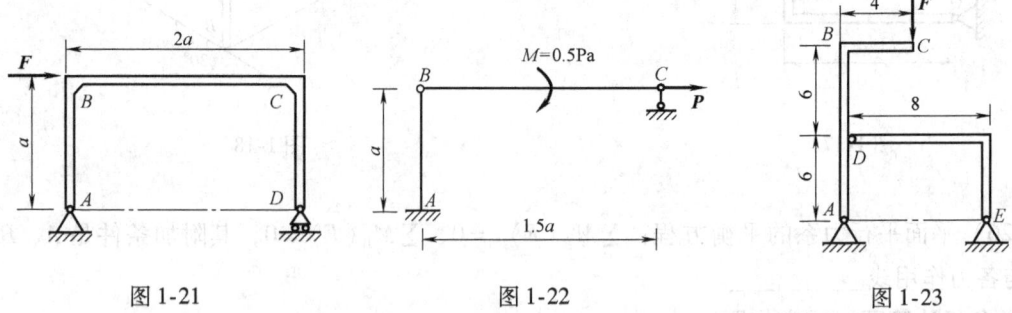

图 1-21　　　　　　　图 1-22　　　　　　　图 1-23

(5) 图 1-23 所示结构由两弯杆 ABC 和 DE 构成。构件重量不计，图中的长度单位为 cm。已知 $F=200\text{N}$，试求支座 A 和 E 的约束力。

(6) 在安装设备时常用起重扒杆，它的简图如图 1-24 所示。起重摆杆 AB 重 $G_1=1.8\text{kN}$ 作用在 C 点，且 $BC=\frac{1}{2}AB$。提升的设备重量 $G=20\text{kN}$。试求系在起重摆杆 A 端的绳索 AD 的拉力以及 B 处的约束反力。

(7) 梁的结构尺寸、受力情况如图 1-25 所示，不计梁重，已知 $q=10\text{kN/m}$，$M=10\text{kN}\cdot\text{m}$，试求 A、B、C 处的约束反力。

(8) 起重构架如图 1-26 所示，尺寸单位为 mm。滑轮直径 $d=200\text{mm}$，钢丝绳的倾斜部分平行于杆 BE。吊起的载荷 $W=10\text{kN}$，其他重量不计，试求固定铰链支座 A、B 的约束力。

(9) 试计算图 1-27 中力 F 对点 O 之矩。

(10) 如图 1-28 所示，一个 450N 的力作用在 A 点，方向如图所示。试求：①此力对 D 点的矩；②要得到与①相同的力矩，在 C 点需加水平力的大小与指向；③要得到与①相同的力矩，在 C 点应加的最小力。

(11) 试求图 1-29 所示齿轮和传动带上各力对点 O 之矩。已知：$F=1\text{kN}$，$\alpha=20°$，$D=160\text{mm}$，$F_{T1}=200\text{N}$，$F_{T2}=100\text{N}$。

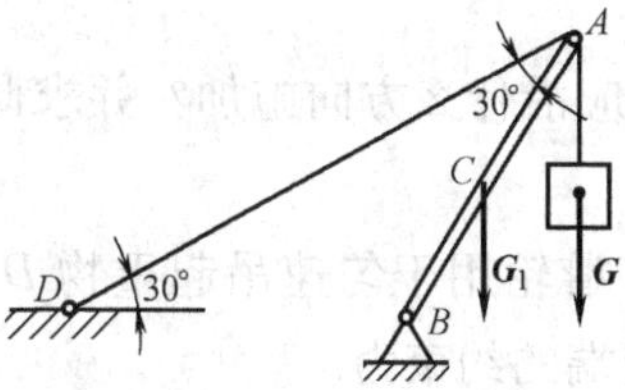

图 1-24 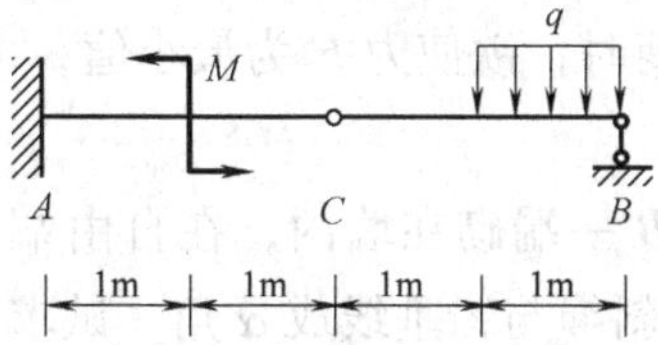　　　　　　　　　图 1-25 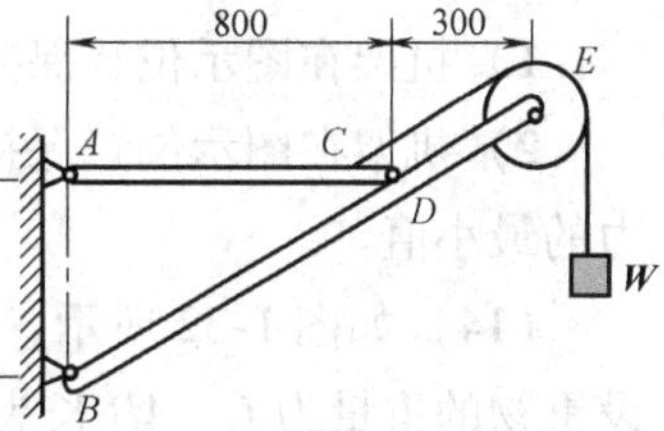　　　　　　　　　图 1-26

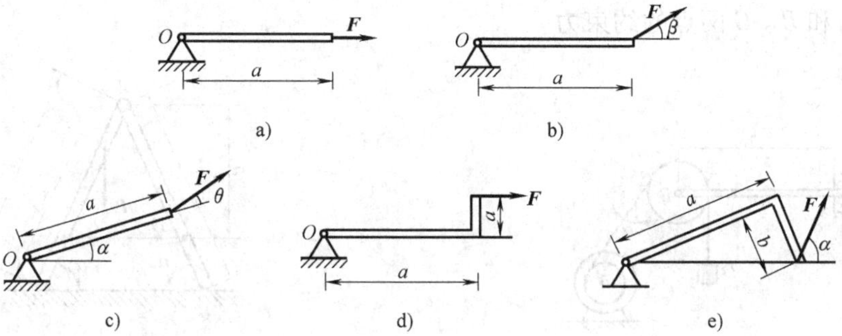

a)　　　　　　　　b)

c)　　　　　d)　　　　　e)

图 1-27

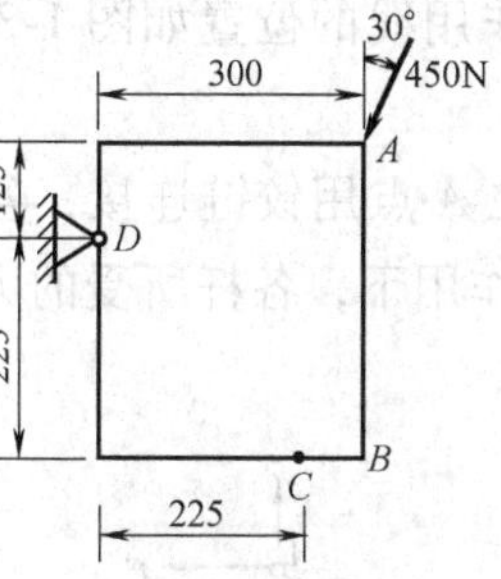

图 1-28 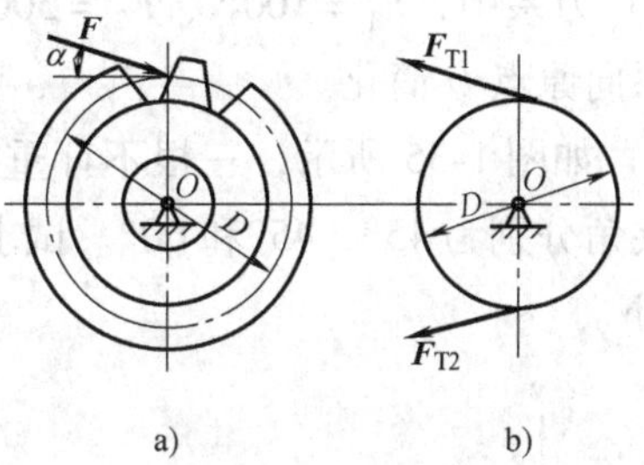　　　　　　　　　图 1-29

(12) 图 1-30 所示长方体上作用着两个力 F_1、F_2。已知：$F_1 = 100\text{N}$，$F_2 = 10\sqrt{5}N$，$b = 0.3\text{m}$，$c = 0.4\text{m}$，$d = 0.2\text{m}$，$e = 0.1\text{m}$，试分别计算力 F_1 和 F_2 在三个坐标轴上的投影及对三个坐标轴之矩。

(13) 提升机架由 AB、BC、CD 三杆铰接而成，如图 1-31 所示。已知：$G = 4\text{kN}$，若不

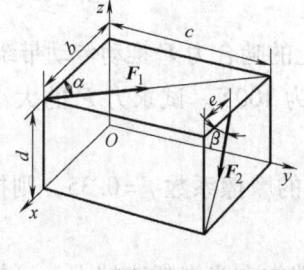

图 1-30

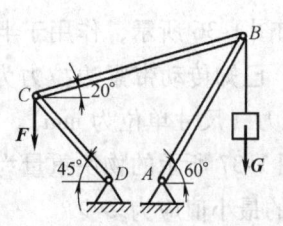

图 1-31

计各杆自重，试求：

1）机架在图示位置保持平衡时，需加的铅垂力 *F* 的大小；

2）机架在图示位置保持平衡时，欲使力 *F* 为最小值，力 *F* 应沿什么方向施加？并求此力的最小值。

（14）如图 1-32 所示，梁 AB 一端砌在墙内，在自由端装有滑轮用于匀速吊起重物 D，设重物的重量为 G，AB 长为 b，斜绳与铅垂线成 α 角，试求固定端的约束力。

（15）如图 1-33 所示，活动梯子置于光滑水平面上，并在铅垂面内，梯子两部分 AC 和 AB 各重为 Q，重心在 A 点，彼此用铰链 A 和绳子 DE 连接。一人重为 P，立于 F 处，试求绳子 DE 的拉力和 B、C 两点的约束力。

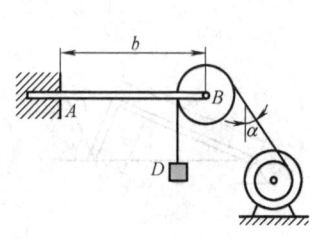

图 1-32

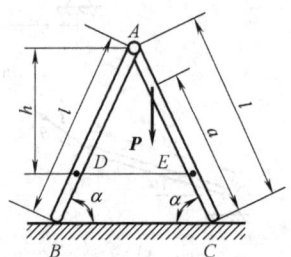

图 1-33

（16）力系中，$F_1 = 100\text{N}$、$F_2 = 300\text{N}$、$F_3 = 200\text{N}$，各力作用线的位置如图 1-34 所示。试将力系向原点 O 简化。

（17）如图 1-35 所示，三根不计重量的杆 AB、AC、AD 在 A 点用铰链连接，各杆与水平面的夹角分别为 45°、45° 和 60°。试求在与 OD 平行的力 *F* 作用下，各杆所受的力。已知 $F = 0.6\text{kN}$。

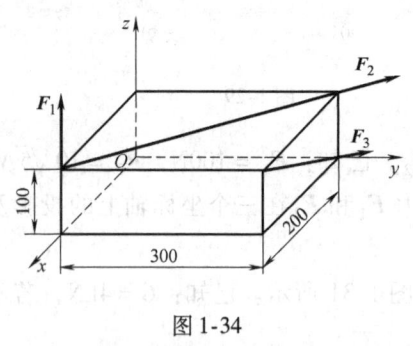

图 1-34

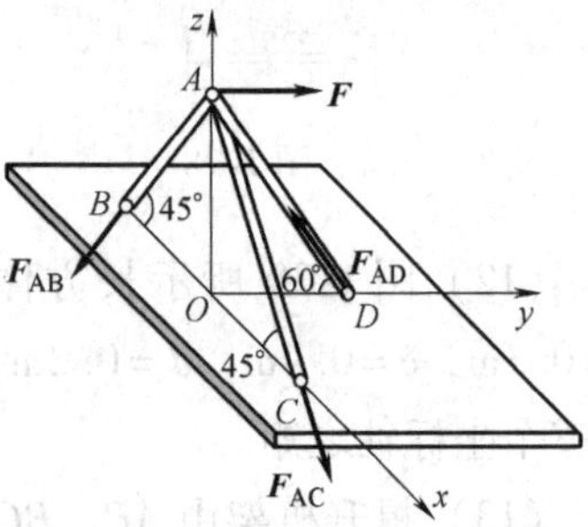

图 1-35

（18）如图 1-36 所示，作用于半径为 120mm 齿轮上的啮合力 *F* 推动传动带绕水平轴 AB 作匀速转动。已知传动带紧边拉力为 200N，松边拉力为 100N。试求力 *F* 的大小以及轴承 A、B 的约束力（尺寸单位为 mm）。

（19）图 1-37 所示的物块重量为 Q，与水平面之间的摩擦系数 $f = 0.35$，则拉动物块所需水平力 P 的最小值应为多少？

（20）如图 1-38 所示，均质梯长为 l，重为 P，B 端靠在光滑铅直墙上，已知梯与地面

间的静摩擦因数为 f，试求平衡时 θ 的大小。

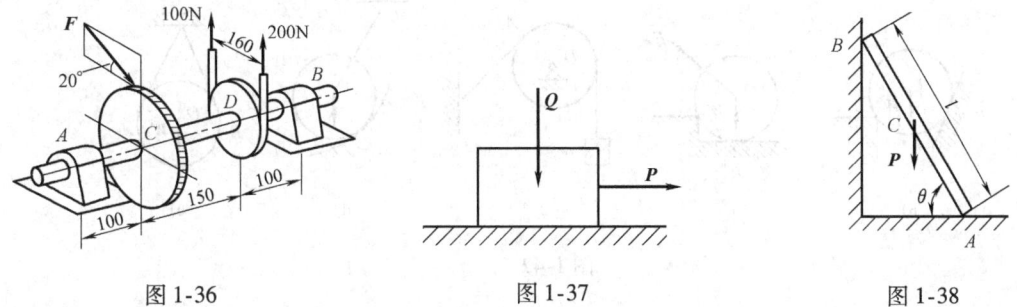

图 1-36　　　　　图 1-37　　　　　图 1-38

（21）在图 1-39 所示的三种情况中，已知：$G=200\mathrm{N}$，$F=100\mathrm{N}$，$\alpha=30°$，物块与支承面间的静摩擦系数 $f=0.5$。试求哪种情况下物体能运动。

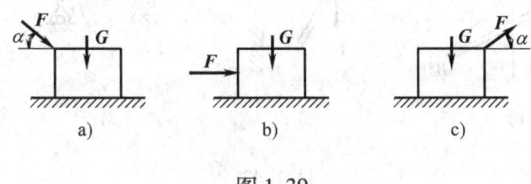

图 1-39

（22）置于 V 形槽中的棒料如图 1-40 所示。已知：棒料与接触面间的摩擦系数为 0.2，棒料重 $G=400\mathrm{N}$，直径 $D=250\mathrm{mm}$。今欲在 V 形槽中转动棒料，试求施加在棒料上的最小力偶矩 M 的值。

（23）试求图 1-41 所示平面图形形心的位置。图中尺寸单位为 mm。

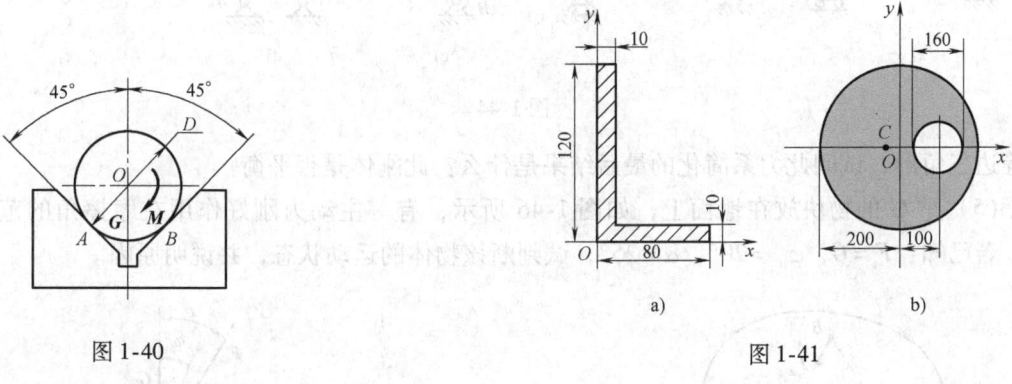

图 1-40　　　　　　　　　　　图 1-41

5. 综合题

（1）试画出图 1-42 中圆柱或圆盘的受力图。与其他物体接触处的摩擦力均略去。

（2）试画出图 1-43 中杆 AB 或梁 AB 的受力图，图中未画重力的各杆件的自重不计，所有接触处均为光滑接触。

（3）试画出图 1-44 中指定物体的受力图。

a）拱 ABCD；b）半拱 AB 部分；c）踏板 AB；d）杠杆 AB；e）方板 ABCD。

（4）图 1-45 所示刚体在 A、B、C 三点各受一力作用，已知 $F_1=F_2=F_3=F$、$\triangle ABC$ 为

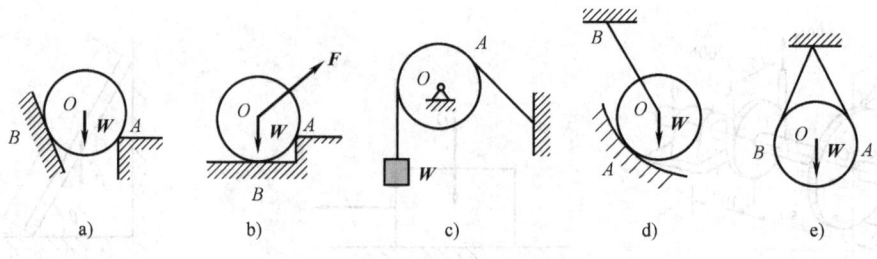

图 1-42

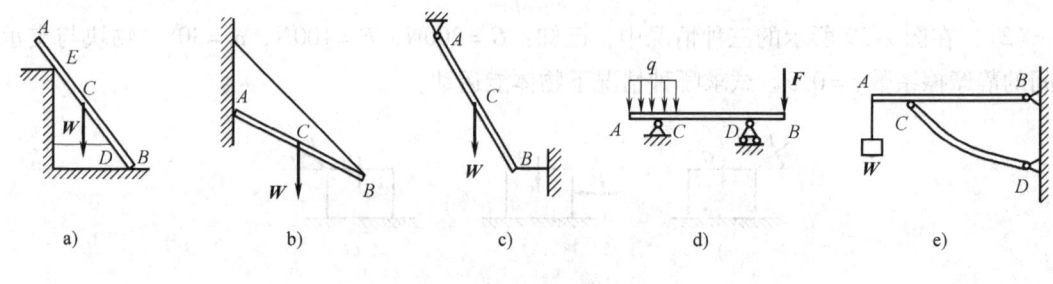

图 1-43

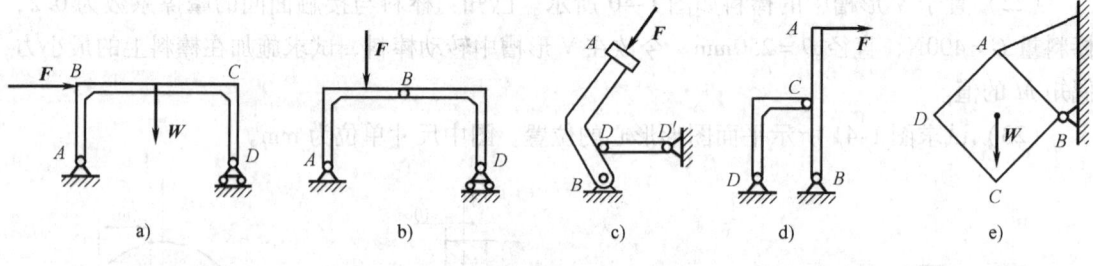

图 1-44

一等边三角形，试问此力系简化的最后结果是什么？此刚体是否平衡？

(5) 重 G 的物块放在地面上，如图 1-46 所示，有一主动力刚好作用在摩擦角的范围外。若已知：$F = G$，$\varphi_m = 20°$，$\alpha = 25°$，试判断该物体的运动状态，并说明原因。

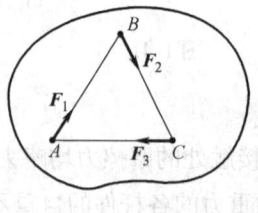

图 1-45

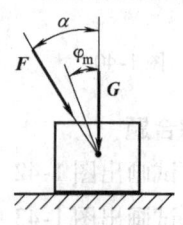

图 1-46

第 2 章 拉伸和压缩

2.1 基本要求

1) 了解轴向拉伸和压缩的概念。
2) 掌握用截面法求解拉、压杆内力,能正确绘制轴力图,掌握杆件横截面上的正应力计算。
3) 理解拉伸和压缩时材料的力学性能。
4) 掌握拉、压杆的强度条件及其应用。

2.2 重点和难点

1) 本章重点是轴力的计算方法(截面法)及轴力图的绘制;轴向拉压时的应力计算;轴向拉压时的强度条件及强度计算。
2) 本章难点是材料力学性能的物理意义、轴向拉压时的强度条件及强度计算。

2.3 习题

1. 单项选择题

(1) 一圆杆受拉,在其弹性变形范围内,将直径增加 1 倍,则杆的相对变形将变为原来的( )。

A. 1/4   B. 1/2   C. 1 倍   D. 2 倍

(2) 图 2-1 所示四种杆件的内力(轴力)大小分别用 N_1、N_2、N_3、N_4 表示(图中 P_1、P_2、P_3、P_4 均为外力),它们的正负号分别为( )。

A. N_1、N_4 为正,N_2、N_3 为负
B. N_2、N_3 为正,N_1、N_4 为负
C. N_1、N_2 为正,N_3、N_4 为负
D. 以上都不对

图 2-1

(3) 等直杆的受力情况如图 2-2 所示。设杆内最大轴力和最小轴力分别为 N_{max} 和 N_{min}，则下列结论中（　　）是正确的。

A. $N_{max}=40\text{kN}$，$N_{min}=0$ 　　B. $N_{max}=30\text{kN}$，$N_{min}=-25\text{kN}$

C. $N_{max}=30\text{kN}$，$N_{min}=0$ 　　D. 以上都不对

(4) 图 2-3 所示的变截面杆 AD 受三个集中力作用。设杆件的 AB 段、BC 段和 CD 段的横截面积分别为 A，2A，3A，横截面上的轴力和应力分别为 N_{AB}、σ_{AB}、N_{BC}、σ_{BC}、N_{CD}、σ_{CD}，则下列结论中（　　）是正确的。

A. $N_{AB}=N_{BC}=N_{CD}$，$\sigma_{AB}=\sigma_{BC}=\sigma_{CD}$　　B. $N_{AB}\ne N_{BC}\ne N_{CD}$，$\sigma_{AB}=\sigma_{BC}=\sigma_{CD}$

C. $N_{AB}\ne N_{BC}\ne N_{CD}$，$\sigma_{AB}\ne\sigma_{BC}\ne\sigma_{CD}$　　D. 以上都不对

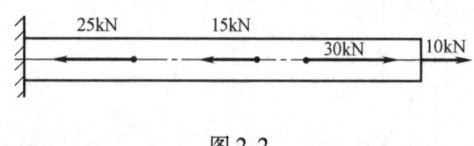
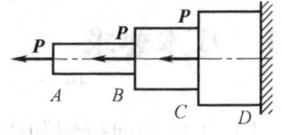

图 2-2　　　　　　　　　　　　　　　　　　　图 2-3

(5) 一钢和一铝杆的长度、横截面面积均相同，在受到相同的拉力作用时，铝杆的应力和（　　）。

A. 钢杆的应力相同，但变形小于钢杆　　B. 变形小于钢杆

C. 钢杆的应力相同，但变形大于钢杆　　D. 变形都大于钢杆

(6) 关于杆件，（　　），材料越软，变形越大的说法是对的。

A. 在一定的载荷作用下　　B. 尺寸和形状一定时

C. 粗细和载荷一定时　　D. 长度和载荷不变，在比例极限内

(7) 对钢管进行轴向拉伸试验，有人提出几种变形现象，经验证，正确的变形是（　　）。

A. 外径增大，壁厚减小　　B. 外径增大，壁厚增大

C. 外径减小，壁厚增大　　D. 外径减小，壁厚减小

(8) 某一杆件产生拉伸变形，应力不超过比例极限范围，当绝对值增大时，则泊松比（　　）。

A. 始终不变　　B. 增大

C. 减小　　D. 对直径较小的杆件将增大

(9) 拉伸试验时，将试样拉伸到强化阶段卸载，则拉伸图 $F-\Delta l$ 曲线要沿着（　　）卸载至零。

A. 原来的拉伸图曲线　　B. 任意的一条曲线

C. 平行于拉力 F 的直线　　D. 近乎平行于弹性阶段的斜直线

(10) 一等直杆如图 2-4 所示，在外力 F 作用下（　　）。

A. 截面 a 的轴力最大　　B. 截面 b 的轴力最大

C. 截面 c 的轴力最大　　D. 三个截面上轴力一样大

(11) 关于材料的一般力学性能，如下结论正确的是（　　）。

A. 脆性材料的抗拉能力低于其抗压能力
B. 脆性材料的抗拉能力高于其抗压能力
C. 韧性材料的抗拉能力高于其抗压能力
D. 脆性材料的抗拉能力等于其抗压能力

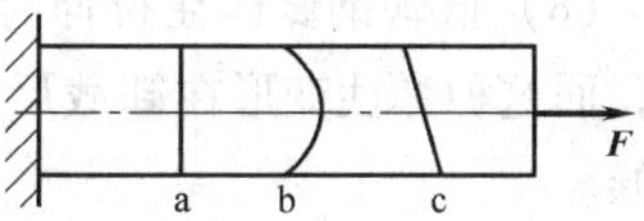

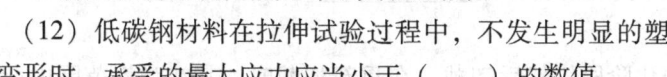

图 2-4

（12）低碳钢材料在拉伸试验过程中，不发生明显的塑性变形时，承受的最大应力应当小于（　　）的数值。

A. 比例极限　　　B. 屈服强度　　　C. 强度极限　　　D. 许用应力

2. 判断题（正确的划√，错误的划×）

（　）（1）杆件两端受到等值、反向和共线的外力作用时，一定产生轴向拉伸或压缩变形。

（　）（2）轴力图可显示出杆件各段内横截面上轴力的大小，但并不能反映杆件各段变形是伸长还是缩短。

（　）（3）一端固定的杆，受轴向外力的作用，不必求出约束反力即可画内力图。

（　）（4）轴向拉伸或压缩杆件横截面上的内力集度——应力一定正交于横截面。

（　）（5）求轴向拉伸或压缩杆件的轴力时，一般在采用了截面法后，是不能随意使用力的可传性原理来研究留下部分的外力平衡的。

（　）（6）材料相同的二拉杆，其横截面面积和所产生的应变相等，但杆件的原始长度不一定相等。

（　）（7）一钢杆和一铝杆若在相同拉力下产生相同的应变，则二杆横截面上的正应力是相等的。

（　）（8）弹性模量 E 值不相同的两根杆件，在产生相同弹性应变的情况下，其弹性模量 E 值大的杆件的受力必然大。

（　）（9）构件内力的大小不但与外力大小有关，还与材料的截面形状有关。

（　）（10）杆件的某横截面上，若各点的正应力均为零，则该截面上的轴力为零。

3. 填空题

（1）材料力学把内力分布的集度称为该点处的_____。

（2）承受轴向拉伸或压缩的杆件共同的受力特点是外力或外力合力的作用线与杆轴线_____，共同的变形特点是杆件沿着杆轴方向_____。

（3）杆件轴向拉伸或压缩时，其横截面上的正应力是_____分布的。

（4）在轴向拉伸或压缩杆件的横截面上的正应力相等时，其是由平面假设认为杆件各纵向纤维的变形大小都_____而推断的。

（5）胡克定律的应力适用范围，若更精确地讲，就是应力不超过材料的_____极限。

（6）杆件的弹性模量 E 表征了杆件材料抵抗弹性变形的能力，这说明杆件材料的弹性模量 E 值越大，其变形就越_____。

（7）在应力不超过材料比例极限的范围内，若杆的抗拉（或抗压）强度越_____，则变形就越小。

（8）低碳钢试样在拉伸时，在初始阶段应力和应变成_____关系，变形是弹性的，而这种弹性变形在卸载后能完全消失的特征一直要维持到应力为_____极限的时候。

（9）金属拉伸试样在屈服时会表现出明显的_____变形，如果金属零件有了这种变形就必然会影响机器正常工作。

（10）使材料试样受拉达到强化阶段，然后卸载，在重新加载时，其在弹性范围内所能承受的最大载荷将_____，而且断裂后的延伸率会降低，这是材料的_____现象。

（11）铸铁材料具有_____强度高的力学性能，而且耐磨、价廉，故常用于制造机器底座、床身和缸体等。

（12）安全系数取值大于 1 的目的是为了使工程构件具有足够的_____储备。

（13）设计构件时，若片面地强调安全而采用过大的_____，则不仅浪费材料，而且会使所设计的结构物笨重。

（14）杆件截面急剧改变时，对于开有圆孔或切口的受拉板件，其截面尺寸改变越急剧，则引起局部应力就越_____，这种现象就是应力集中。

4. 简答题

（1）简述内力的含义。

（2）低碳钢拉伸的变形过程可分为哪四个不同的阶段？

（3）有甲乙丙三种材料，其拉伸应力-应变试验曲线如图 2-5 所示，试指出：

1）哪种材料的弹性模量 E 大？

2）哪种材料抗拉强度高？

3）哪种材料的塑性好？

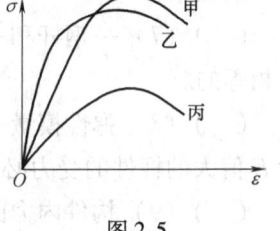

图 2-5

5. 分析计算题（或实作题）

（1）直杆 AD 的受力情况如图 2-6 所示。已知：$F_1 = 16\text{kN}$，$F_2 = 10\text{kN}$，$F_3 = 20\text{kN}$，试画出直杆 AD 的轴力图。

（2）钢杆 AB 右端固定，左端自由，受力情况如图 2-7 所示。已知：$l = 2\text{m}$，$F = 4\text{kN}$，$q = 2\text{kN/m}$，试画出杆件 AB 的轴力图。

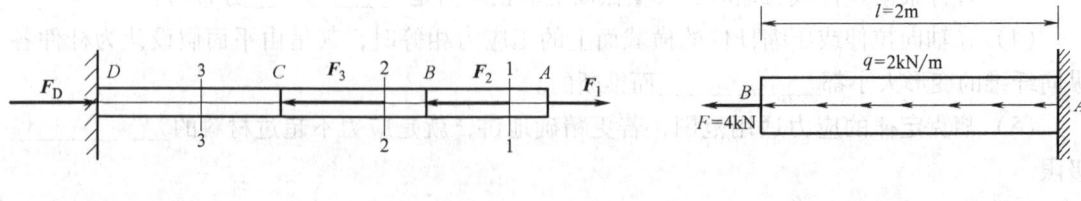

图 2-6　　　　　　　　　　　图 2-7

（3）试求图 2-8 所示阶梯状直杆各横截面上的应力，并求杆的总伸长。材料的弹性模量 $E = 200\text{GPa}$。已知：横截面面积 $A_1 = 400\text{mm}^2$，$A_2 = 300\text{mm}^2$，$A_3 = 200\text{mm}^2$。

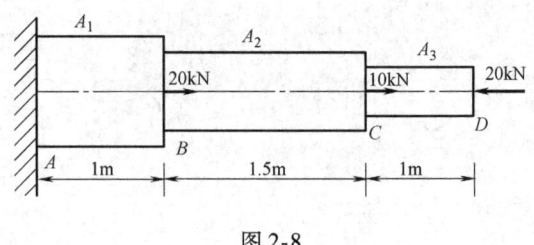

图 2-8

（4）图 2-9 所示的阶梯形圆截面杆 AC，承受轴向载荷 $F_1 = 200\text{kN}$，$F_2 = 100\text{kN}$，AB 段的直径 $d_1 = 40\text{mm}$。欲使 BC 与 AB 段的正应力相同，试求 BC 段的直径。

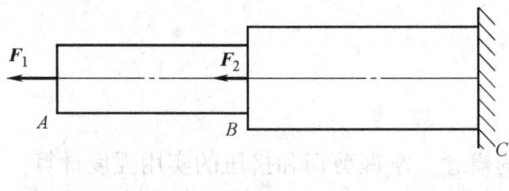

图 2-9

（5）一根直径 $d = 16\text{mm}$，长 $l = 3\text{m}$ 的圆截面杆，承受轴向拉力 $F = 30\text{kN}$，其伸长量 $\Delta l = 2.2\text{mm}$。试求杆横截面上的弹性模量 E 和应力。

第 3 章

剪切、挤压和扭转

3.1 基本要求

1) 了解剪切和挤压的概念,掌握剪切和挤压的实用强度计算。

2) 了解扭转的概念,掌握外力偶矩计算、扭矩计算及扭矩图的绘制;掌握轴扭转变形的特点;熟练掌握横截面上扭转切应力的分布规律和任一点切应力的计算公式;熟练地运用强度条件求解扭转与剪切强度和刚度方面的三类问题。

3.2 重点和难点

1) 本章重点是剪切与挤压的实用计算,外力偶矩的计算,扭矩及扭矩图的绘制,圆轴扭转时的应力及强度条件。

2) 本章难点是剪切与挤压的实用计算,扭转时横截面上的内力扭矩,圆轴扭转时的应力及强度条件。

3.3 习题

1. 单项选择题

(1) 空心圆轴外径为 D,内径为 d,在计算最大切应力时需要确定的抗扭截面系数 W 为(   )。

A. $\dfrac{\pi D^3}{16}$ B. $\dfrac{\pi d^3}{16}$ C. $\dfrac{\pi}{16D}(D^4-d^4)$ D. $\dfrac{\pi}{16}(D^3-d^3)$

(2) 内、外径之比为 α 的空心圆轴,扭转时轴内的最大切应力为 τ,这时横截面上内边缘的切应力为(   )。

A. τ B. $\alpha\tau$ C. 零   D. $(1-\alpha^4)\tau$

(3) 两根受扭圆轴的直径和长度均相同,但材料不同,在扭矩相同的情况下,它们的最大切应力 τ_1、τ_2 和扭转角 φ_1、φ_2 之间的关系为(   )。

A. $\tau_1=\tau_2$, $\varphi_1=\varphi_2$ B. $\tau_1=\tau_2$, $\varphi_1\neq\varphi_2$

C. $\tau_1 \neq \tau_2$, $\varphi_1 = \varphi_2$ 　　　　　　　　D. $\tau_1 \neq \tau_2$, $\varphi_1 \neq \varphi_2$

（4）单位长度扭转角 θ 与（　　）无关。
A. 杆的长度　　　B. 扭矩　　　C. 材料性质　　　D. 截面几何性质

（5）一圆轴用碳钢制作，校核其扭转角时，发现单位长度扭转角超过了许用值。为保证此轴的扭转强度，采用（　　）措施最有效。
A. 改用合金钢材　　　　　　　　B. 增加表面粗糙度的值
C. 增加轴的直径　　　　　　　　D. 减小轴的长度

（6）表示扭转变形程度的量（　　）。
A. 是扭转角 φ，不是单位长度扭转角 θ
B. 是单位长度扭转角 θ，不是扭转角 φ
C. 是扭转角 φ 和单位长度扭转角 θ
D. 不是扭转角 φ 和单位长度扭转角 θ

（7）车床传动光杠的安全联轴器由销钉和套筒组成（图3-1），轴的直径为 D，传递的力偶的最大力偶矩为 M，这时销钉每个剪切面上的剪力为（　　）。
A. $4M/D$　　　B. $2M/D$　　　C. $M/2D$　　　D. M/D

（8）电瓶车挂钩用插销联接（图3-2），插销直径为 d，当牵引力为 P 时，插销横截面的切应力应为（　　）。

A. $\dfrac{P}{\pi d^2}$　　　B. $\dfrac{4P}{\pi d^2}$　　　C. $\dfrac{2P}{\pi d^2}$　　　D. $\dfrac{4P}{3\pi d^2}$

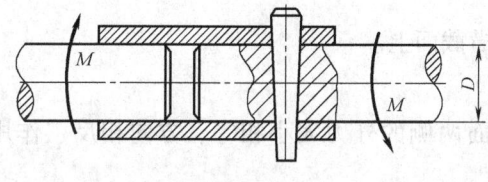

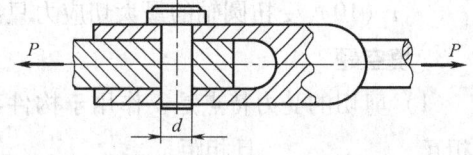

图 3-1　　　　　　　　　　　　　　　　图 3-2

（9）一拉杆与板用四个铆钉联接（图3-3），若拉杆承受的拉力为 P，铆钉的许用应力为 $[\tau]$，则铆钉直径应设计为（　　）。

A. $\sqrt{\dfrac{P}{\pi[\tau]}}$　　　B. $\sqrt{\dfrac{2P}{\pi[\tau]}}$　　　C. $\sqrt{\dfrac{3P}{\pi[\tau]}}$　　　D. $\sqrt{\dfrac{4P}{\pi[\tau]}}$

（10）"齿形"榫连接件尺寸如图3-4所示，两端受拉力 F 作用。已知挤压许用应力为 $[\sigma_{bs}]$，则连接件的挤压强度条件为（　　）。

A. $\dfrac{F}{eb} \leq [\sigma_{bs}]$　　B. $\dfrac{F}{(h-e)b} \leq [\sigma_{bs}]$　　C. $\dfrac{2F}{eb} \leq [\sigma_{bs}]$　　D. 以上都不对

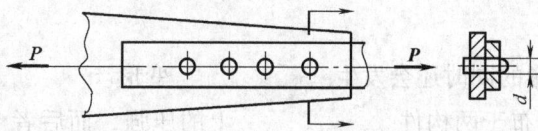

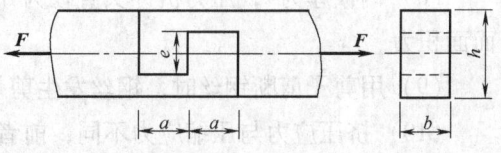

图 3-3　　　　　　　　　　　　　　　　图 3-4

2. 判断题（正确的划√，错误的划×）

（　）（1）若在构件上作用有两个大小相等、方向相反、相互平行的外力，则此构件一定产生剪切变形。

（　）（2）两板件用一受剪切的螺栓联接，在进行剪切强度校核时，只针对螺栓校核就完全可以了。

（　）（3）在构件上有多个面积相同的剪切面，当材料一定时，若校核该构件的剪切强度，则只对剪力较大的剪切面进行校核即可。

（　）（4）两钢板用螺栓联接后，在螺栓和钢板相互接触的侧面将发生局部承压现象，这种现象称为挤压。当挤压力过大时，可能引起螺栓压扁或钢板孔缘压皱，从而导致联接松动而失效。

（　）（5）进行挤压实用计算时，所取的挤压面面积就是挤压接触面的正投影面积。

（　）（6）由挤压应力的实用计算公式可知，构件产生挤压变形的受力特点和产生轴向压缩变形的受力特点是一致的。

（　）（7）由不同材料制成的两圆轴，若长 l、轴径 d 及作用的扭转力偶均相同，则其最大切应力必相同。

（　）（8）由不同材料制成的两圆轴，若长 l、轴径 d 及作用的扭转力偶均相同，则其相对扭角必相同。

（　）（9）受扭杆件的扭矩仅与杆件受到的转矩（外力偶矩）有关，而与杆件的材料及其横截面的大小、形状无关。

（　）（10）受扭圆轴的最大切应力只出现在横截面上。

3. 填空题

（1）剪切的受力特点是：作用于构件某一截面两侧的外力大小相等、方向相反、作用线相互_____且相距_____。

（2）空心圆轴外径为 D，内径为 $d = D/2$，两端受扭转力偶作用，则其横截面上切应力呈_____分布。

（3）剪切的变形特点是：位于两力间的构件截面沿外力方向发生_____。

（4）用截面法求剪力时，沿_____面将构件截分成两部分，取其中一部分为研究对象，由静力平衡方程便可求得剪力。

（5）构件受剪时，剪切面的方位与两外力的作用线相_____。

（6）有的构件只有一个剪切面，其剪切变形通常称为_____。

（7）在剪切的实用计算中，假设切应力在剪切面上是_____分布的。

（8）钢板厚为 t，压力机冲头直径为 d，今在钢板上冲出一个直径为 d 的圆孔，其剪切面面积为_____。

（9）用剪子剪断钢丝时，钢丝发生剪切变形的同时还会发生_____变形。

（10）挤压应力与压缩应力不同，前者是分布于两构件_____上的压强，而后者是分布在构件内部截面单位面积上的内力。

4. 简答题

（1）试述剪切与挤压的受力特点和变形特点。

（2）何谓剪切面？何谓剪力？

（3）剪切和挤压的实用计算采用了什么假设？为什么？

5. 分析计算题（或实作题）

（1）如图 3-5 所示的钢板铆接件，已知钢板的许用拉伸应力 $[\sigma_1]=98\text{MPa}$，许用挤压应力 $[\sigma'_{bs}]=196\text{MPa}$，钢板厚度 $\delta=10\text{mm}$，宽度 $b=100\text{mm}$；铆钉的许用切应力 $[\tau]=137\text{MPa}$，许用压应力 $[\sigma''_{bs}]=314\text{MPa}$，铆钉直径 $d=20\text{mm}$，钢板铆接件承受的载荷 $F=23.5\text{kN}$。试校核钢板和铆钉的强度。

（2）如图 3-6 所示，压力机的最大冲力 $F=400\text{kN}$，冲头材料的许用压应力 $[\sigma_c]=440\text{MPa}$，被冲剪钢板的抗剪强度极限 $[\tau_b]=360\text{MPa}$，试求在最大冲力作用下所能冲剪的圆孔最小直径 d 和钢板厚度 δ。

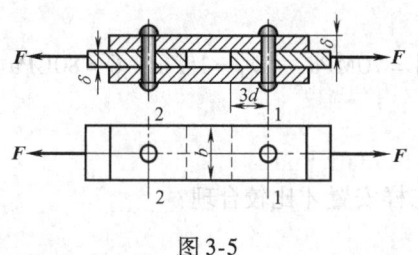

图 3-5

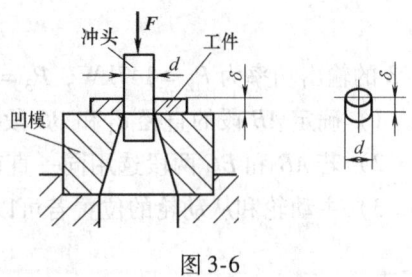

图 3-6

（3）如图 3-7 所示，一传动系统的主轴 ABC 的转速 $n=960\text{r/min}$，输出功率 $P_A=27.5\text{kW}$，$P_B=20\text{kW}$，$P_C=7.5\text{kW}$。试画出 ABC 轴的扭矩图。

（4）阶梯圆轴 ABC 的直径如图 3-8 所示，轴材料的许用应力 $[\tau]=60\text{MPa}$，力偶 $M_1=5\text{kN}\cdot\text{m}$，$M_2=3.2\text{kN}\cdot\text{m}$，$M_3=1.8\text{kN}\cdot\text{m}$。试校核轴的强度。

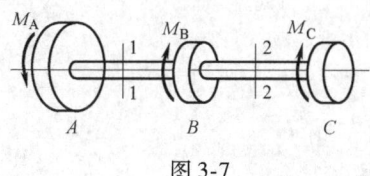

图 3-7

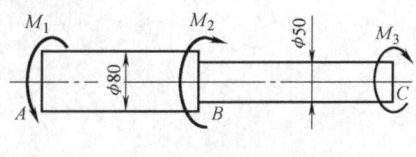

图 3-8

（5）传动轴及其所受外力偶如图 3-9 所示，轴材料的切变模量 $G=80\text{GPa}$，直径 $d=40\text{mm}$。试计算该轴的总转角 φ_{AC}。

（6）用截面法求图 3-10 所示各杆在截面 1-1、2-2、3-3 上的扭矩；并在截面上用矢量表示扭矩，指出扭矩的符号；作出各杆扭矩图。

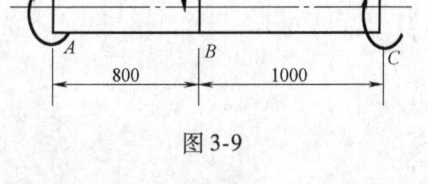

图 3-9

（7）直径 $D=50\text{mm}$ 的圆轴受扭矩 $T=2.15\text{kN}\cdot\text{m}$ 的作用。试求距轴心 10mm 处的切应力，并求横截面上的最大切应力。

（8）图 3-11 所示传动轴的转速 $n=500\text{r/min}$，主动轮 1 输入功率 $P_1=368\text{kW}$，从动轮

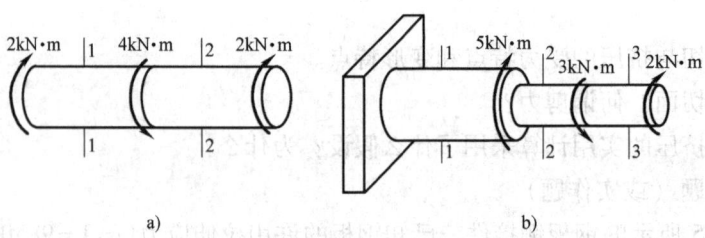

图 3-10

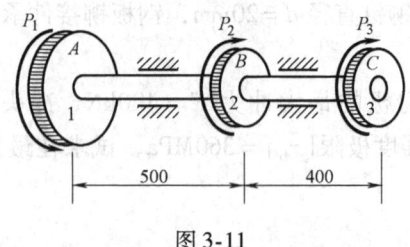

图 3-11

2、3 的输出功率为 $P_2 = 147\text{kW}$，$P_3 = 221\text{kW}$。已知 $[\tau] = 70\text{MPa}$，$[\theta] = 1°/\text{m}$，$G = 80\text{GPa}$。

1）确定 AB 段的直径 d_1 和 BC 段的直径 d_2。

2）若 AB 和 BC 两段选用同一直径，试确定其数值。

3）主动轮和从动轮的位置若可以重新安排，试问怎样安置才比较合理？

第4章 弯曲

4.1 基本要求

1) 能准确熟练地计算梁的支座反力,梁上任意截面的剪力和弯矩。
2) 能正确地列出剪力方程和弯矩方程,熟练掌握绘制剪力图和弯矩图的方法。
3) 会确定最大弯矩和最大剪力出现的位置和数值。
4) 了解提高弯曲强度的措施。

4.2 重点和难点

1) 本章重点是剪力图和弯矩图的绘制,弯曲正应力、弯曲强度的计算。
2) 本章难点是剪力图、弯矩图的绘制和弯曲强度条件的应用。

4.3 习题

1. 单项选择题

(1) 整根承受均布载荷的简支梁,在跨度中间处(   )。
　A. 剪力最大,弯矩等于零　　　　　　B. 剪力等于零,弯矩也等于零
　C. 剪力等于零,弯矩最大　　　　　　D. 剪力最大,弯矩也最大

(2) 梁的内力符号与坐标系的关系是(   )。
　A. 剪力、弯矩与坐标系均有关
　B. 弯矩符号与坐标系有关,剪力符号与坐标系无关
　C. 剪力符号与坐标系有关,弯矩符号与坐标系无关
　D. 剪力、弯矩与坐标系均无关

(3) 长度为 l 的简支梁上作用了均布载荷 q,根据剪力、弯矩和分布载荷间的关系,可以确定(   )。
　A. 剪力图为水平直线,弯矩图是抛物线　　B. 剪力图是抛物线,弯矩图是水平直线
　C. 剪力图是斜直线,弯矩图是抛物线　　　D. 剪力图是抛物线,弯矩图是斜直线

(4) 悬臂梁受力情况如图 4-1 所示，若梁的材料为铸铁，梁的合力截面形状应选图 4-2 中的（　　）。

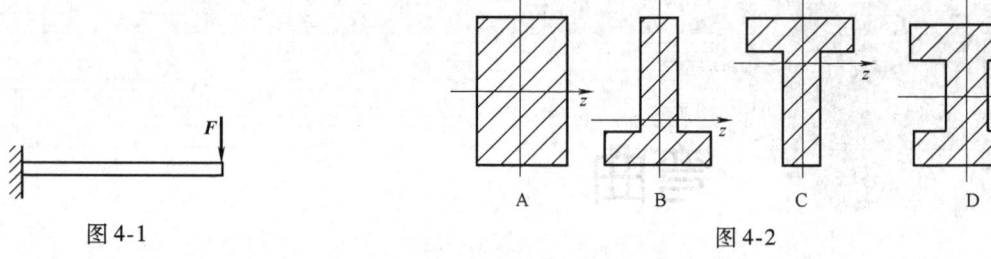

图 4-1　　　　　　　　　　　　　　　图 4-2

(5) 图 4-3 所示简支梁 1-1 截面上的弯矩及其符号是_____。

A. $-Pac/l$　　　B. Pac/l　　　C. $-Pbc/l$　　　D. Pbc/l

(6) 如图 4-4 所示，列出梁 $ABCDE$ 各段的剪力方程和弯矩方程，其分段要求应是_____。

A. AC 和 CE 段　　　　　　　　B. AC、CD 和 DE 段
C. AB、BD 和 DE 段　　　　　D. AB、BC、CD 和 DE 段

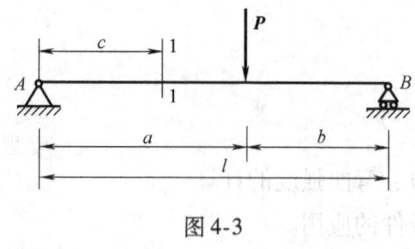
图 4-3

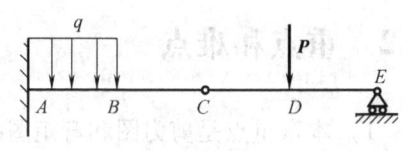
图 4-4

(7) 如图 4-5 所示，某纯弯曲梁横截面上 A 点处的正应力为 2MPa，z 轴为中性轴，则 B 点处的正应力为_____。

A. 2MPa　　　B. 4MPa　　　C. 6MPa

(8) 如图 4-6 所示，弯曲梁的 BC 段_____。

A. 有变形，无位移　　　　　　　　B. 有位移，无变形
C. 既有变形，又有位移　　　　　　D. 既无变形，又无位移

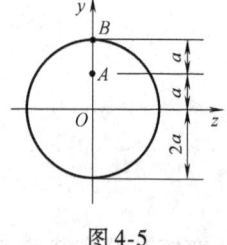
图 4-5

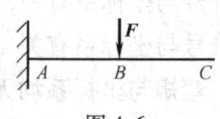
图 4-6

2. 判断题（正确的划√，错误的划×）

（　　）(1) 纯弯曲的梁，横截面上只有剪力，没有弯矩。

（　　）(2) 弯曲正应力在横截面上是均匀分布的。

（　）（3）集中力所在截面上，剪力图在该位置有突变，且突变的大小等于该集中力。

（　）（4）在集中力偶所在截面上，剪力图在该位置有突变。

（　）（5）纯弯曲梁横截面上任一点，既有正应力也有切应力。

（　）（6）梁弯曲时，可以认为横截面上只有拉应力，并且均匀分布，其合成的结果将与截面边缘的一集中力组成力偶，此力偶的内力偶矩即为弯矩。

（　）（7）若在一段梁上作用着均布载荷，则该段梁的弯矩图为斜直线。

（　）（8）在集中力所在截面上，弯矩图将出现突变。

3. 填空题

（1）梁弯曲时，其横截面上的_____最终合成的结果为弯矩。

（2）纯弯曲梁中性轴上的正应力为_____。

（3）梁承受平面弯曲时，其上所有的外力都作用在_____。

（4）梁上作用着均布载荷，该段梁上的弯矩图为_____，剪力图为_____。

（5）为了合理地利用材料特性，对于抗拉和抗压能力不同的 T 形截面铸铁梁的设计，应尽量使中性轴_____。

（6）梁弯曲后，其截面形心在垂直方向的位移称为_____。

（7）外力作用在梁的纵向对称面内时，梁发生_____弯曲。

（8）梁发生平面弯曲时，梁上的载荷与支反力位于_____平面内。

（9）纯弯曲梁横截面上的内力只有_____，而一般梁在横向力作用下，横截面上的内力则有_____及_____。

（10）关于梁某截面的弯矩，若梁在该截面附近弯成_____，则弯矩为正；弯成_____，则弯矩为负。

（11）梁上有集中力作用时，其剪力图上有突变，弯矩图上有_____。

（12）图 4-7 所示梁 C 截面弯矩 $M_c =$ _____，为使 $M_c = 0$，则 $M =$ _____。

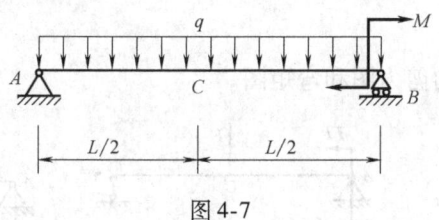

图 4-7

4. 分析计算题（或实作题）

（1）如图 4-8 所示，计算 A、B 处的支座反力，并画出梁的剪力图及弯矩图（必须在图中标出各关键点的值）。

（2）图 4-9 所示矩形截面的简支梁，材料许用应力 $[\sigma] = 10\text{MPa}$，已知 $b = 12\text{cm}$，若截面高宽比为 $h/b = 5/3$，试求梁能承受的最大载荷。

（3）槽形截面梁尺寸及受力图如图 4-10 所示，$AB = 3\text{m}$，$BC = 1\text{m}$，z 轴为截面形心轴，$I_z = 1.73 \times 10^8 \text{mm}^4$，$q = 15\text{kN/m}$。材料许用压应力 $[\sigma_c] = 160\text{MPa}$，许用拉应力 $[\sigma_t] = 80\text{MPa}$。试求：①画梁的剪力图、弯矩图。②按正应力强度条件校核梁的强度。

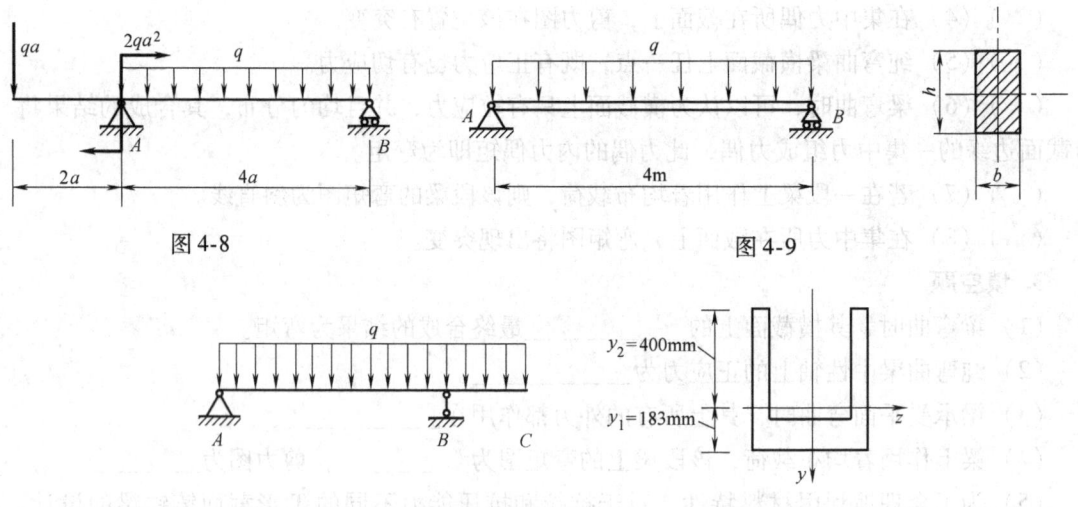

图 4-8　　　　　　　　　图 4-9

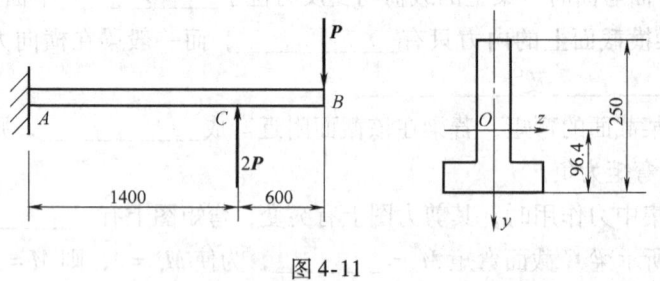

图 4-10

（4）铸铁梁如图 4-11 所示，单位为 mm，已知 $I_z = 10180\text{cm}^4$，材料许用压应力 $[\sigma_c] = 160\text{MPa}$，许用拉应力 $[\sigma_t] = 40\text{MPa}$，试求：①画梁的剪力图、弯矩图。②按正应力强度条件确定梁载荷 P。

图 4-11

5. 综合题

画出图 4-12 所示各梁的剪力图和弯矩图。

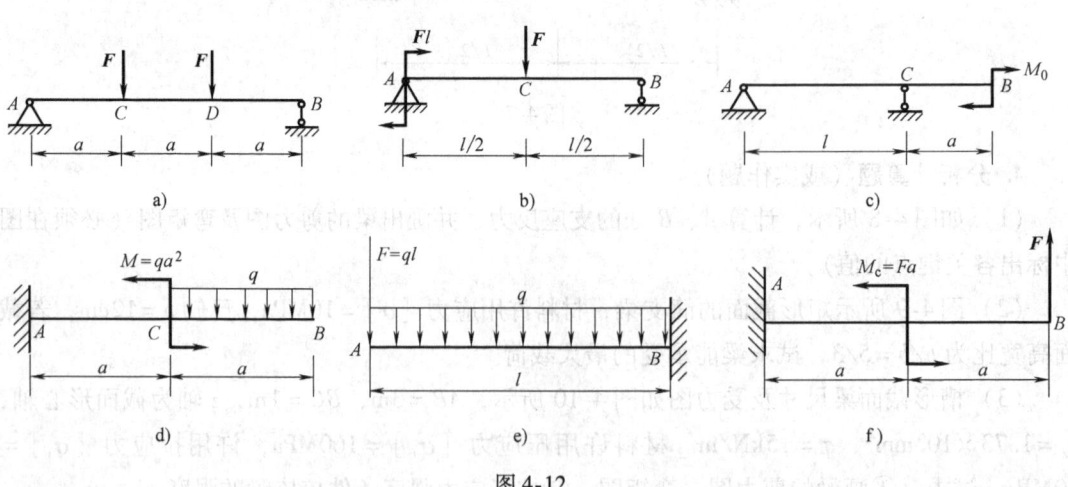

图 4-12

第 5 章

组合变形的强度计算

5.1 基本要求

理解组合变形的概念，熟练掌握拉伸（压缩）与弯曲的组合变形的强度计算，弯曲与扭转的组合变形的强度计算。

5.2 重点和难点

1) 本章重点是组合变形类型的判断，拉伸（压缩）与弯曲、弯曲与扭转两种组合变形危险截面、危险点的位置确定，以及选择强度理论求解组合变形的强度计算问题。

2) 本章难点是确定危险截面、危险点的位置，弯曲与扭转的组合变形的强度计算。

5.3 习题

1. 单项选择题

（1）在图 5-1 所示矩形截面拉杆中间开一深度为 $h/2$ 的缺口，与不开口中的拉杆相比，开口处的最大应力的增大倍数为（　　）。

A. 2 倍； B. 4 倍； C. 8 倍； D. 16 倍。

（2）图 5-2 所示杆件发生的组合变形包含（　　）。

A. 拉压与弯曲 B. 拉压与扭转 C. 弯曲与扭转 D. 拉压、弯曲与扭转

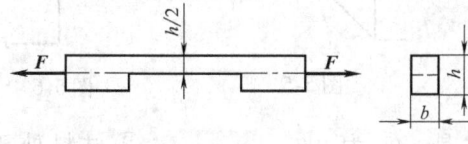

图 5-1

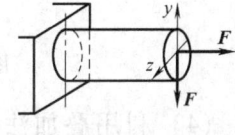

图 5-2

（3）根据杆件横截面正应力分析过程，中性轴在什么情形下才会通过截面形心？试分析下列答案中哪一个是正确的。（　　）

A. $M_y = 0$ 或 $M_z = 0$，$F_N \neq 0$ 　　　　B. $M_y = M_z = 0$，$F_N \neq 0$

C. $M_y=0$，$M_z=0$，$F_N \neq 0$　　　　D. $M_y \neq 0$ 或 $M_z \neq 0$，$F_N = 0$

（4）图 5-3 所示铸铁制压力机立柱的截面中，最合理的是（　　）。

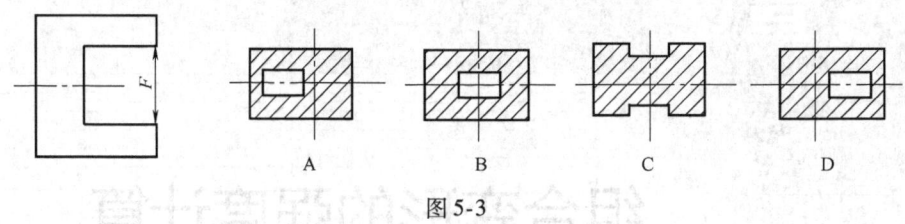

图 5-3

2. 判断题（正确的划√，错误的划×）

（　）（1）扭转与弯曲组合变形的杆件，在其横截面上仍能取得处于纯切应力状态的点。

（　）（2）拉伸（压缩）和弯曲组合变形时中性轴一定不过截面的形心。

（　）（3）圆杆两面弯曲时，可分别计算梁在两个平面内弯曲的最大应力，叠加后即为圆杆的最大应力。

（　）（4）圆杆两面弯曲时，各截面的和弯矩矢量不一定在同一平面内。

（　）（5）拉伸（压缩）与弯曲的组合变形杆件，其中性轴尽管是一条不通过形心的直线，但它总是将横截面分成大小不等的受拉和受压区域。

（　）（6）在偏心拉（压）的杆件内，所有横截面上的内力均相同。

（　）（7）在弯扭组合变形圆杆的外边界上，各点都处于平面应力状态。

（　）（8）受弯曲与扭转组合变形的转轴，通常采用塑性材料制成，宜采用第三或第四强度理论进行计算。

3. 填空题

（1）图 5-4a 中的杆 AB 将产生_____变形，图 5-4b 中的杆 AB 将产生_____变形，图 5-4c 中的杆 AB 将产生_____变形。

（2）图 5-5 所示杆件发生的基本变形有_____。

（3）图 5-6 所示空间折杆 AB 段是_____变形，BC 段是_____变形。

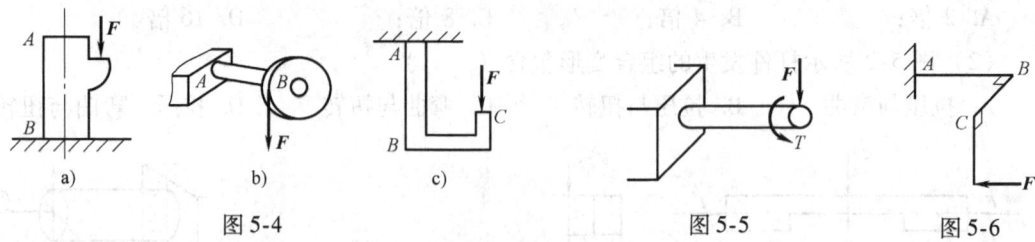

图 5-4　　　　　　　　　　　　图 5-5　　　　　　　　　图 5-6

（4）利用叠加法计算杆件组合变形的条件是：①为_____；②材料处于_____范围。

（5）偏心压缩实际上是_____和_____的组合变形问题。

4. 分析计算题（或实作题）

（1）简易悬臂机构如图 5-7 所示，$F = 15\mathrm{kN}$，$\alpha = 30°$，横梁 AB 为 25a 工字钢，$[\sigma] =$

100MPa，试校核梁 AB 的强度。

（2）如图 5-8 所示，在梁的中点处 C 作用有一铅垂力 $F = 25\text{kN}$。试求：梁危险截面上的最大正应力。

（3）钩头螺栓受力简化图如图 5-9 所示。已知螺栓材料的许用应力 $[\sigma] = 120\text{MPa}$。试求此螺栓所能承受的许可预紧力 $[F_P]$。

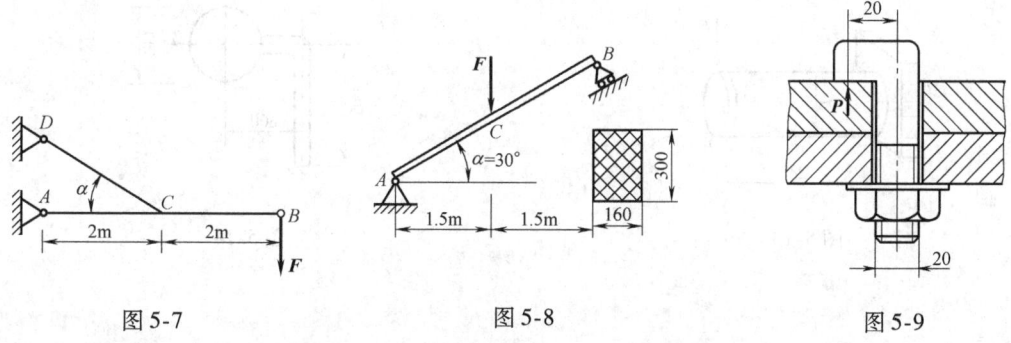

图 5-7　　　　　图 5-8　　　　　图 5-9

（4）图 5-10 所示偏心受压矩形截面立柱，已知 $b = 180\text{mm}$，$h = 240\text{mm}$，$P = 50\text{kN}$。试求截面最大拉应力为 0MPa 时的偏心距 e。

（5）图 5-11 所示平面直角刚架 ABC 在水平面 xz 内，AB 段为直径 $d = 20\text{mm}$ 的圆杆。在垂直平面内 $F_1 = 0.4\text{kN}$，在水平面内沿 z 轴方向 $F_2 = 0.5\text{kN}$，材料的 $[\sigma] = 140\text{MPa}$。试求：①作 AB 段各基本变形的内力图。②按第三强度理论校核刚架 AB 段强度。

图 5-10　　　　　　　　图 5-11

（6）手摇铰车的车轴 AB 如图 5-12 所示。轴材料的许用应力 $[\sigma] = 80\text{MPa}$。试按第三强度理论校核轴的强度。

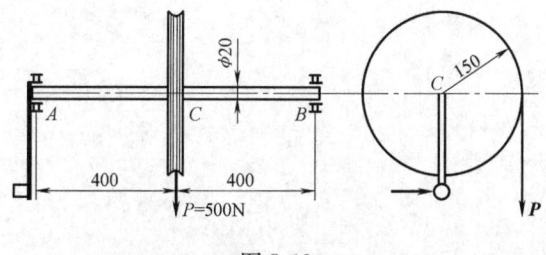

图 5-12

（7）如图 5-13 所示，梁 AB 为圆截面悬臂梁，已知：截面直径 $d = 100\text{mm}$，许用应力

$[\sigma]=160\text{MPa}$,梁上作用有 $F=6\text{kN}$,$M=6\text{kN}\cdot\text{m}$,$a=1\text{m}$,试按第三强度理论校核杆 A 处的强度。

(8)图 5-14 所示为铁道路标信号板,装在外径 $D=60\text{mm}$ 的空心圆柱上,空心圆柱的壁厚 $t=3\text{mm}$,信号板所受最大风载 $p=2\text{kN/m}^2$,$[\sigma]=60\text{MPa}$,试按第三强度理论校核空心圆柱的强度。

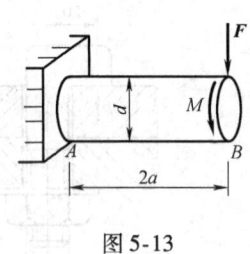

图 5-13

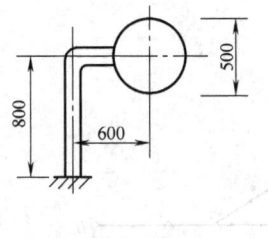

图 5-14

第 6 章

平面机构运动简图与自由度

6.1 基本要求

1) 掌握平面机构运动副及其分类、平面机构运动简图的绘制。
2) 能熟练掌握平面机构自由度的计算方法，能正确判断和处理复合铰链、局部自由度和常见的虚约束，综合运用公式 $F = 3n - 2P_L - P_H$ 计算平面机构的自由度并判断其运动是否确定。

6.2 重点和难点

1) 本章重点是运动副的概念、平面机构运动简图的绘制、机构具有确定运动的条件及平面机构自由度的计算。
2) 本章难点是平面机构中的虚约束的判定问题及平面机构运动简图的绘制。

6.3 习题

1. 单项选择题

(1) 组成平面高副两构件的接触必须为（　　）。
A. 点接触　　　　B. 线接触　　　　C. 点或线接触　　　　D. 面接触

(2) 计算机构自由度时，若计入虚约束，则计算所得结果与机构的实际自由度数目相比（　　）。
A. 增多了　　　　B. 减少了　　　　C. 相等　　　　D. 可能增多也可能减少

(3) 由 m 个构件组成的复合铰链包含的转动副个数为（　　）。
A. $m-1$　　　　B. $m+1$　　　　C. m　　　　D. 1

(4) 有两个平面机构的自由度都等于 1，现用一个带有两铰链的运动构件将它们串成一个平面机构，则其自由度等于（　　）。
A. 0　　　　B. 1　　　　C. 2

(5) 在机构中原动件数目（　　）机构自由度时，该机构具有确定的运动。

A. 小于　　　　　　B. 等于　　　　　　C. 大于

（6）下列可动连接：1）内燃机的曲轴与连杆的连接，2）缝纫机的针杆与机头的连接，3）车床拖板与床面的连接，4）火车车轮与铁轨的接触，其中（　　　）是高副。

A. 1　　　　　B. 2　　　　　C. 3　　　　　D. 4

（7）有一构件的实际长度 $l = 0.5\text{m}$，画在机构运动简图中的长度为 20mm，则画此机构运动简图时所取的长度例尺 μ_l 是（　　　）。

A. $\mu_l = 25$　　B. $\mu_l = 25\text{mm/m}$　　C. $\mu_l = 1:25$　　D. $\mu_l = 0.025\text{m/mm}$

（8）在比例尺 $\mu_l = 0.002\text{m/mm}$ 的机构运动简图中，量得一构件的长度为 30mm，则该构件的实际长度 l 是（　　　）。

A. $l = 15\text{mm}$　　B. $l = 15000\text{mm}$　　C. $l = 60\text{mm}$　　D. $l = 6\text{mm}$

（9）机构运动简图与（　　　）无关。

A. 构件数目　　　　　　　　　　B. 运动副的数目、类型
C. 运动副的相对位置　　　　　　D. 构件和运动副的结构

（10）图 6-1 所示的机构中有（　　　）虚约束。

A. 1个　　　　　B. 2个　　　　　C. 3个　　　　　D. 没有

（11）图 6-2 所示机构要有确定运动，需要有_____原动件。

A. 1个　　　　　B. 2个　　　　　C. 3个　　　　　D. 没有

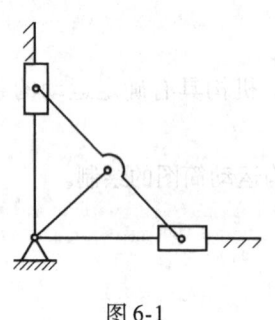

图 6-1

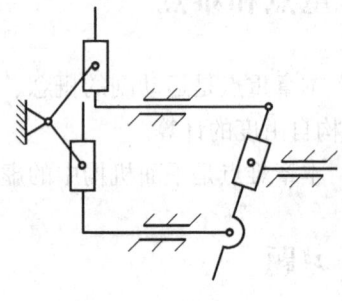

图 6-2

2. 判断题（正确的划√，错误的划×）

（　）（1）两个以上的构件在一处用低副相连接就构成复合铰链。

（　）（2）机构是由两个以上构件组成的。

（　）（3）转动副限制了构件的转动自由度。

（　）（4）固定构件（机架）是机构不可缺少的组成部分。

（　）（5）4 个构件在一处铰接，则构成 4 个转动副。

（　）（6）机构的运动不确定，就是指机构不能具有相对运动。

（　）（7）虚约束对机构的运动不起作用。

（　）（8）使两个构件直接接触并能产生相对运动的连接称为运动副。

（　）（9）当机构的自由度 $F > 0$，且等于原动件数，则该机构具有确定的相对运动。

（　）（10）一个独立的不受约束的构件有 3 个自由度。

（　）（11）运动副是连接，连接也是运动副。
（　）（12）高副连接的构件在运动过程中磨损速度慢。
（　）（13）机器是构件之间具有确定的相对运动，并能完成有用的机械功或实现能量转换的构件的组合。
（　）（14）运动副中，两构件连接形式有点、线和面三种。

3. 填空题

（1）机构要能够动，自由度必须_____。
（2）机构中的相对静止件称为_____，机构中按给定运动规律运动的构件称为_____。
（3）两构件通过_____或_____接触组成的运动副称为高副；通过_____接触组成的运动副称为低副。
（4）在平面机构中若有一个高副就引入_____个约束，若有一个低副就引入_____个约束。
（5）机构的自由度为2，则机构需_____个原动件。
（6）从机构结构观点来看，任何机构都是由_____、_____、_____三部分组成。
（7）构件的自由度是指_____。
（8）机构中的运动副是指_____。
（9）机构具有确定的相对运动条件是：原动件数_____机构的自由度。
（10）在平面机构中，约束数与机构自由度的关系是_____。
（11）当两构件构成运动副后，仍需保证能产生一定的相对运动，故在平面机构中，每个运动副引入的约束至多为_____个，至少为_____个。
（12）机构中的复合铰链是指_____；局部自由度是指_____；虚约束是指_____。
（13）机构运动简图是_____的简单图形。

4. 简答题

（1）什么是机构的自由度？计算机构自由度时应注意哪些事项？一个平面自由构件的自由度为多少？
（2）什么是机构运动简图？绘制机构运动简图的目的和意义是什么？绘制机构运动简图的步骤是什么？
（3）什么是机构中的原动件、从动件、输出构件和机架？
（4）运动副是如何进行分类的？
（5）平面低副有哪两种类型？
（6）机构具有确定运动的条件是什么？当机构的原动件数少于或多于机构的自由度时，机构的运动将发生什么情况？

5. 分析计算题（或实作题）

（1）绘制图6-3所示机构的运动简图，并计算其自由度。

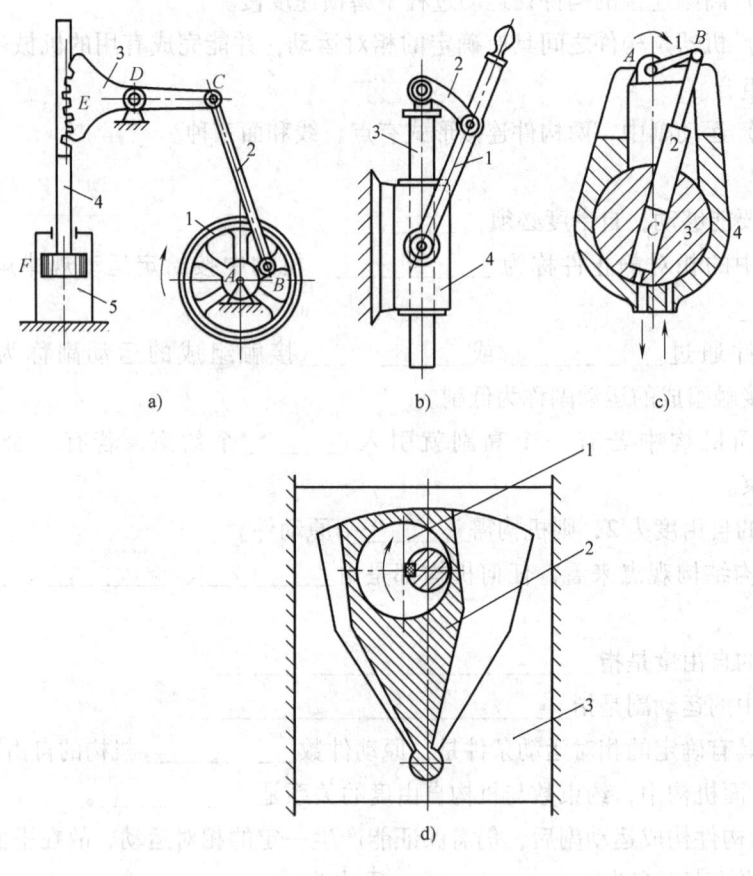

图 6-3
a) 活塞泵机构 b) 唧筒机构 c) 摆动式液压泵 d) 压力机刀架机构

（2）计算图 6-4 所示机构的自由度，并判定它们是否具有确定的相对运动（图中画有箭头的构件为原动件）。若有复合铰链、局部自由度和虚约束要明确指出。

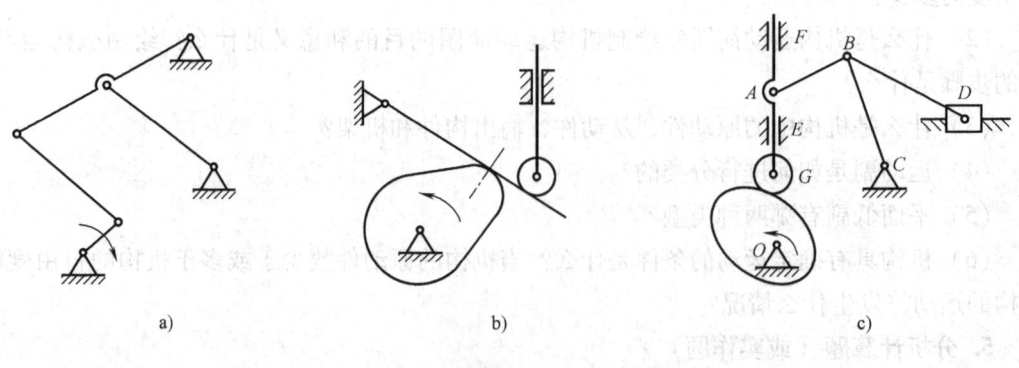

图 6-4

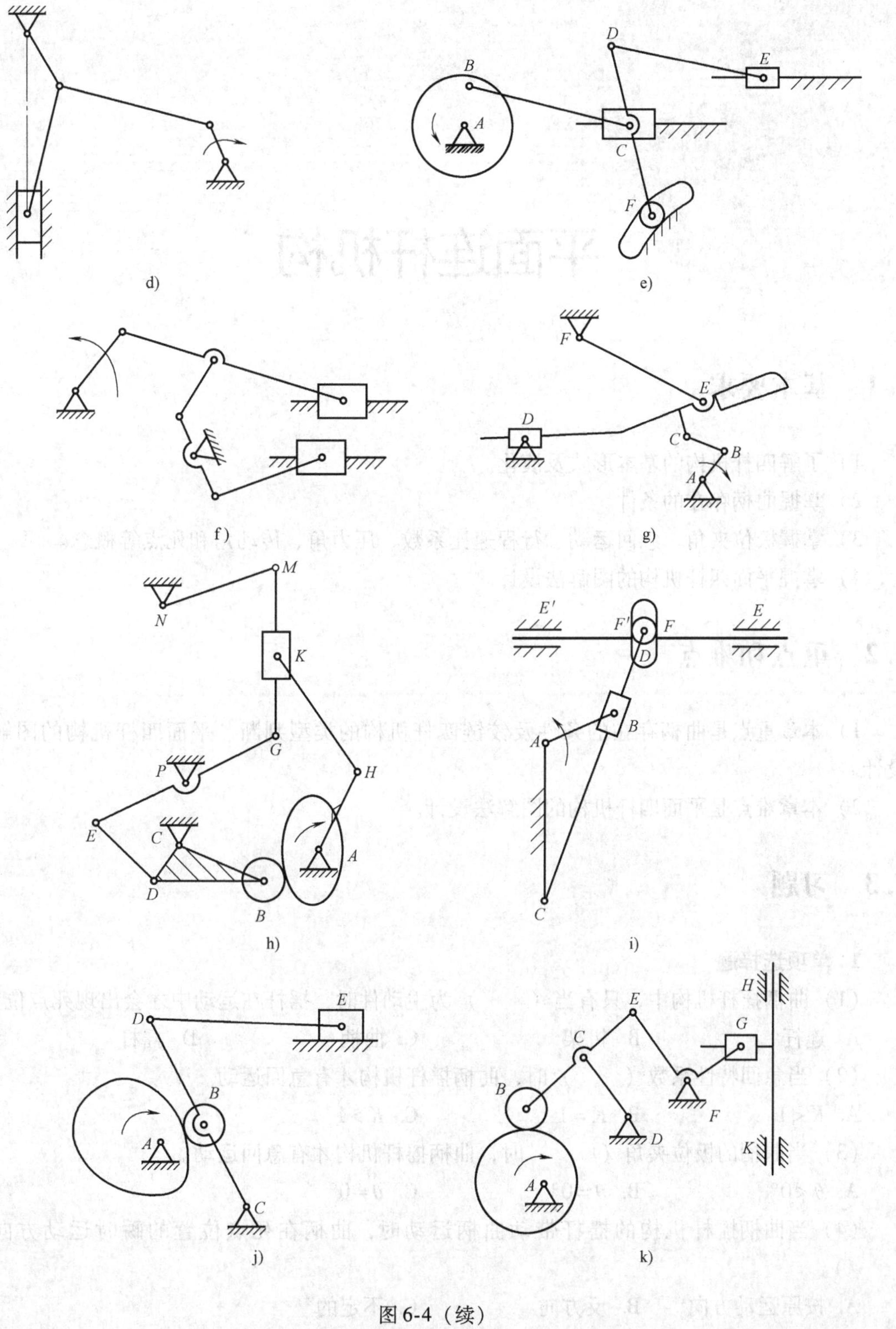

第6章 平面机构运动简图与自由度

d)

e)

f)

g)

h)

i)

j)

k)

图 6-4（续）

37

第 7 章

平面连杆机构

7.1 基本要求

1) 了解四杆机构的基本形式及演化。
2) 掌握曲柄存在的条件。
3) 掌握极位夹角、急回运动、行程速比系数、压力角、传动角和死点等概念。
4) 掌握平面四杆机构的图解法设计。

7.2 重点和难点

1) 本章重点是曲柄存在的条件及铰链四杆机构的类型判断、平面四杆机构的图解法设计。
2) 本章难点是平面四杆机构的图解法设计。

7.3 习题

1. 单项选择题

(1) 曲柄摇杆机构中,只有当(　　)为主动件时,摇杆在运动中才会出现死点位置。
A. 连杆　　　　　　B. 机架　　　　　　C. 曲柄　　　　　　D. 摇杆

(2) 当急回特性系数(　　)时,曲柄摇杆机构才有急回运动。
A. $K<1$　　　　　　B. $K=1$　　　　　　C. $K>1$

(3) 当曲柄的极位夹角(　　)时,曲柄摇杆机构才有急回运动。
A. $\theta<0°$　　　　　　B. $\theta=0°$　　　　　　C. $\theta\neq 0°$

(4) 当曲柄摇杆机构的摇杆带动曲柄运动时,曲柄在死点位置的瞬时运动方向是(　　)。
A. 按原运动方向　　B. 反方向　　　　　　C. 不定的

(5) 曲柄滑块机构是由(　　)演化而来的。
A. 曲柄摇杆机构　　B. 双曲柄机构　　　　C. 双摇杆机构

(6) 平面四杆机构中，如果最短杆与最长杆的长度之和小于或等于其余两杆的长度之和，最短杆为机架，则这个机构称为（　　）。

A. 曲柄摇杆机构　　B. 双曲柄机构　　C. 双摇杆机构

(7) 平面四杆机构中，如果最短杆与最长杆的长度之和大于其余两杆的长度之和，最短杆为机架，则这个机构称为（　　）。

A. 曲柄摇杆机构　　B. 双曲柄机构　　C. 双摇杆机构

(8) 曲轴摇杆机构的传动角是（　　）。

A. 连杆与从动摇杆之间所夹角的余角

B. 连杆与从动摇杆之间所夹的锐角

C. 机构压力角的余角

(9) 在下列平面四杆机构中，（　　）无论以哪一构件为主动件，都不存在死点位置。

A. 双曲柄机构　　B. 双摇杆机构　　C. 曲柄摇杆机构

2. 判断题（正确的划√，错误的划×）

（　　）(1) 机构是否存在死点位置与机构取哪个构件为原动件无关。

（　　）(2) 在摆动导杆机构中，当导杆为主动件时，机构有死点位置。

（　　）(3) 压力角就是主动件所受驱动力的方向线与该点速度的方向线之间的夹角。

（　　）(4) 机构的极位夹角是衡量机构急回特性的重要指标。极位夹角越大，则机构的急回特性越明显。

（　　）(5) 压力角越大，则机构传力性能越差。

（　　）(6) 曲柄和连杆都是连架杆。

（　　）(7) 在曲柄摇杆机构中，曲柄和连杆共线，就是死点位置。

（　　）(8) 铰链四杆机构都有摇杆这个构件。

（　　）(9) 在平面连杆机构中，只要以最短杆作固定机架，就能得到双曲柄机构。

（　　）(10) 在平面四杆机构中，只要两个连架杆都能绕机架上的铰链作整周转动，必然是双曲柄机构。

（　　）(11) 曲柄的极位夹角 θ 越大，机构的急回特性系数 K 也越大，机构的急回特性也越显著。

（　　）(12) 导杆机构与曲柄滑块机构在结构原理上的区别就在于选择不同构件作固定机架。

（　　）(13) 利用选择不同构件作固定机架的方法，可以把曲柄摇杆机构改变成双摇杆机构。

（　　）(14) 曲柄摇杆机构的摇杆在两极限位置之间的夹角 ψ，称为摇杆的摆角。

（　　）(15) 在平面连杆机构中，连杆和曲柄是同时存在的，即有曲柄就有连杆。

（　　）(16) 利用曲柄摇杆机构，可以把等速转动运动转变成具有急回特性的往复摆动运动，或者没有急回特性的往复摆动运动。

（　　）(17) 只有曲柄摇杆机构才能实现把等速旋转运动转变成往复摆动运动。

（　　）(18) 通过对铰链四杆机构某些构件之间相对长度的改变，也能起到对机构形式的演化作用。

　　（　　）（19）在实际生产中，机构的死点位置对工作都是不利的，处处都要考虑克服。

3. 填空题

　　（1）平面连杆机构是由一些刚性构件用_____副和_____副相互连接而组成的机构。

　　（2）平面连杆机构能实现一些较复杂的_____运动。

　　（3）当平面四杆机构中的运动副都是_____副时，就称之为铰链四杆机构。

　　（4）在铰链四杆机构中，能绕机架上的铰链作整周_____的连架杆称为曲柄。

　　（5）在铰链四杆机构中，能绕机架上的铰链作_____的连架杆称为摇杆。

　　（6）平面四杆机构有三种基本形式，即_____机构、_____机构和_____机构。

　　（7）在曲柄摇杆机构中，如果将_____杆作为机架，则与机架相连的两杆都可以作_____运动，即得到双曲柄机构。

　　（8）在曲柄摇杆机构中，如果将_____杆对面的杆作为机架，则与此相连的两杆均为摇杆，即得到双摇杆机构。

　　（9）在铰链四杆机构中，最短杆与最长杆的长度之和_____其余两杆的长度之和时，则不论取哪个杆作为_____，都可以组成双摇杆机构。

　　（10）曲柄滑块机构是由曲柄摇杆机构的_____长度趋向_____演变而来的。

　　（11）导杆机构可看作是由改变曲柄滑块机构中的_____演变而来的。

　　（12）将曲柄滑块机构的_____改作固定机架时，可以得到转动导杆机构。

　　（13）曲柄摇杆机构出现急回运动特性的条件是：摇杆为_____件，曲柄为_____件或者是把_____运动转换成_____。

　　（14）曲柄摇杆机构的_____不等于0°，则急回特性系数就_____，机构就具有急回特性。

　　（15）通常利用机构中构件运动时_____的惯性，或依靠增设在曲柄上_____的惯性来渡过死点位置。

　　（16）在实际生产中，常利用急回运动这个特性来缩短_____时间，从而提高_____。

　　（17）压力角和传动角互为_____角。

　　（18）当机构的传动角等于0°（压力角等于90°）时，机构所处的位置称为_____位置。

　　（19）当曲柄摇杆机构的曲柄为主动件并作_____转动运动时，摇杆则作_____往复摆动运动。

　　（20）如果将曲柄摇杆机构中的最短杆改作机架，则两个连架杆都可以作_____度的转动运动，即得到_____机构。

4. 简答题

（1）什么是连杆机构？连杆机构有什么优缺点？

（2）什么是曲柄？什么是摇杆？铰链四杆机构曲柄存在的条件是什么？

（3）铰链四杆机构有哪几种基本形式？

（4）什么是铰链四杆机构的传动角和压力角？压力角的大小对连杆机构的工作有何影响？

（5）曲柄摇杆机构有什么运动特点？

（6）试述克服平面连杆机构死点位置的方法。

（7）在什么情况下曲柄滑块机构才会有急回运动？

5. 分析计算题（或实作题）

（1）根据图 7-1 所示各杆所注的尺寸，以 AD 边为机架，判断各铰链四杆机构的名称。

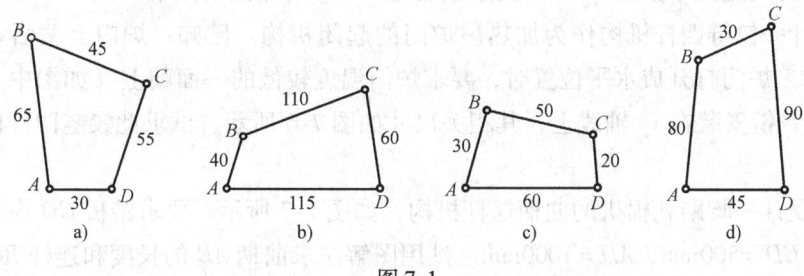

图 7-1

（2）标出图 7-2 所示各四杆机构在图示位置的压力角和传动角。

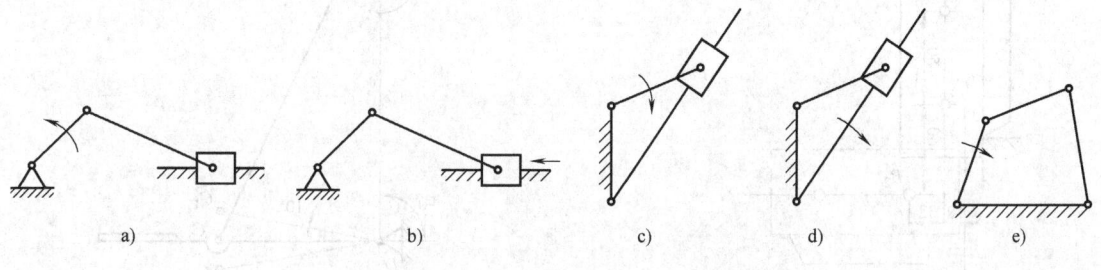

图 7-2

（3）在图 7-3 所示的四杆机构中，各杆长度 $a = 25$mm，$b = 90$mm，$c = 75$mm，$d = 100$mm，试求：

1）若杆 AB 是机构的主动件，AD 为机架，机构是什么类型的机构？

2）若杆 BC 是机构的主动件，AB 为机架，机构是什么类型的机构？

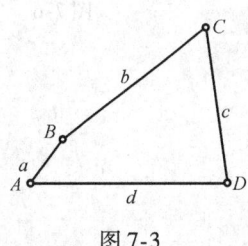

图 7-3

3）若杆 BC 是机构的主动件，CD 为机架，机构是什么类型的机构？

（4）图 7-4 所示为偏置曲柄滑块机构，当以曲柄为原动件时，在图中标出传动角的位置，并给出机构传动角的表达式，分析机构的各参数对最小传动角的影响。

(5) 在图 7-5 所示的曲柄摇杆机构中，$l_{AB}=15\text{mm}$，$l_{AD}=130\text{mm}$，$l_{CD}=90\text{mm}$。试证明连杆长度只能限定在 55～205mm 内。

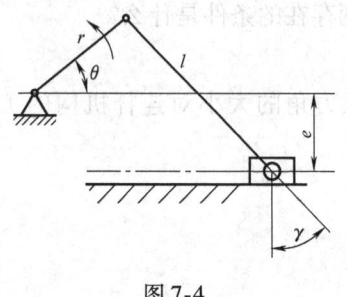

图 7-4

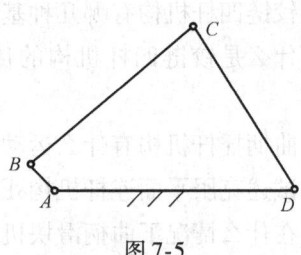

图 7-5

(6) 设计一曲柄摇杆机构，已知：机构的摇杆 DC 长度为 150mm，摇杆的两极限位置的夹角为 45°，行程速比系数 $K=1.5$，机架长度取 90mm（用图解法求解）。

(7) 设计一铰链四杆机构作为加热炉炉门的起闭机构。已知：炉门上两活动铰链的中心距为 50mm，炉门打开成水平位置时，要求炉门温度较低的一面朝上（如图中双点画线所示），设固定铰链安装在 yy 轴线上，其相关尺寸如图 7-6 所示，试求此铰链四杆机构其余三杆的长度。

(8) 拟设计一脚踏轧棉机的曲柄摇杆机构，如图 7-7 所示。要求踏板 CD 在水平位置上下各摆 10°，$CD=500\text{mm}$，$AD=1000\text{mm}$。试用图解法求曲柄 AB 的长度和连杆 BC 的长度。

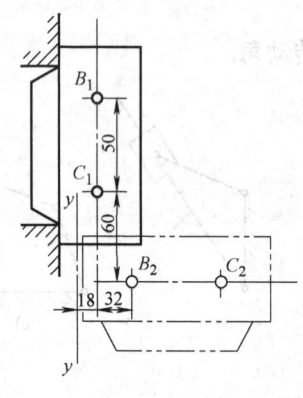

图 7-6

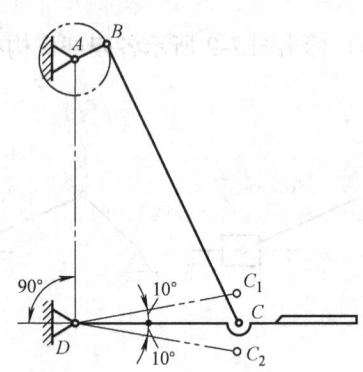

图 7-7

第8章 凸轮机构

8.1 基本要求

1) 了解凸轮机构的组成、特点及应用。
2) 理解从动件常用的运动规律,掌握位移曲线的绘制及设计凸轮曲线的方法。
3) 理解确定基圆半径、滚子半径的基本原则。

8.2 重点和难点

1) 本章重点是凸轮机构中从动件运动线图的绘制、凸轮机构各参数的确定。
2) 本章难点是凸轮轮廓设计的原理及绘制。

8.3 习题

1. 单项选择题

(1) 组成凸轮机构的基本构件有( )。
A. 2个　　　　B. 3个　　　　C. 4个　　　　D. 5个

(2) 与平面连杆机构相比,凸轮机构的突出优点是( )。
A. 能严格地实现给定的从动件运动规律　　B. 实现间歇运动
C. 能实现多种运动形式的变换　　　　　　D. 传力性能好

(3) 凸轮轮廓与从动件之间的可动连接是( )类型的运动副。
A. 移动副　　　　B. 高副
C. 转动副　　　　D. 可能是高副也可能是低副

(4) 刚体的运动形式有:1)平动;2)平面运动;3)往复直线运动;4)定轴转动。凸轮机构的原动件——凸轮的运动形式有( )。
A. 1)和2)　　B. 3)和4)　　C. 1)和3)　　D. 2)和4)

(5) 图8-1所示的机构是( )。
A. 曲柄滑块机构　　　　　　B. 偏心轮机构

图8-1

C. 滚子移动从动件盘形凸轮机构　　　D. 平底移动从动件盘形凸轮机构

（6）图 8-2 所示的机构中，（　　）是空间凸轮机构。

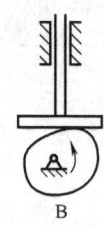
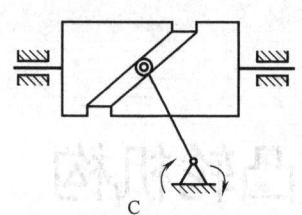
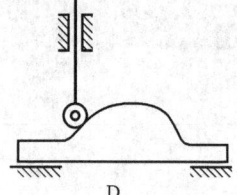

图 8-2

（7）若要盘形凸轮机构的从动件在某段时间内停止不动，对应的凸轮轮廓应是（　　）。

A. 一段直线　　　　　　　　　　B. 一段圆弧
C. 一段抛物线　　　　　　　　　D. 以凸轮转动中心为圆心的圆弧

（8）凸轮连续转动，从动件的运动周期是（　　）。

A. 从动件推程时间　　　　　　　B. 从动件回程时间
C. 从动件推程与回程时间之和　　D. 凸轮一转的时间

（9）从动件的推程采用等速运动规律时，在（　　）位置会发生刚性冲击。

A. 推程的起始点　B. 推程的中点　C. 推程的终止点　D. 推程的起始点和终止点

（10）图 8-3 所示为凸轮机构从动件的位移曲线，试问凸轮机构在何处发生刚性冲击？在何处发生柔性冲击？（　　）

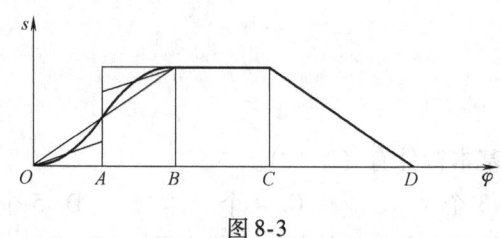

图 8-3

A. A、B、C 和 D 处均发生刚性冲击，无柔性冲击
B. O、A、B、C 和 D 处均发生柔性冲击，无刚性冲击
C. O、A 和 B 处发生刚性冲击，C 和 D 处发生柔性冲击
D. O、A 和 B 处发生柔性冲击，C 和 D 处发生刚性冲击

（11）实际运行中的凸轮机构从动件的运动规律是由（　　）确定的。

A. 凸轮转速　　　　　　　　　　B. 从动件与凸轮的锁合方式
C. 从动件的结构　　　　　　　　D. 凸轮的工作轮廓

（12）设盘形凸轮理论轮廓曲线的最小曲率半径为 ρ_{min}，若要从动件的运动不失真，则滚子半径 r_T 应在（　　）范围内选取。

A. $r_T = \rho_{min}$　　B. $r_T > \rho_{min}$　　C. $r_T < \rho_{min}$　　D. $r_T \leq \rho_{min}$

(13) 一般来说，（　　）从动件可适应任何运动规律而不致发生运动失真。
A. 尖顶　　　B. 滚子　　　C. 平底　　　D. 曲线
(14) 凸轮机构的压力角与（　　）无关。
A. 从动件的运动规律　　　　B. 凸轮基圆半径
C. 移动从动件偏置　　　　　D. 凸轮的转速
(15) 某凸轮机构的滚子损坏后换上一个较大的滚子，该机构的压力角和从动件运动规律变化情况为（　　）。
A. 压力角不变，运动规律不变　　B. 压力角变化，运动规律变化
C. 压力角不变，运动规律变化　　D. 压力角变化，运动规律不变

2. 判断题（正确的划√，错误的划×）
（　）（1）圆柱凸轮机构中，凸轮与从动杆在同一平面或相互平行的平面内运动。
（　）（2）平底从动杆不能用于具有内凹槽曲线的凸轮。
（　）（3）凸轮机构的等加速等减速运动，是从动杆先作等加速上升，然后再作等减速下降完成的。
（　）（4）凸轮压力角是指凸轮轮廓上某点的受力方向和其运动速度方向之间的夹角。
（　）（5）凸轮机构从动件的运动规律是可按要求任意拟订的。
（　）（6）凸轮机构的滚子半径越大，实际轮廓越小，则机构越小越轻，所以一般希望滚子半径尽量大。
（　）（7）凸轮机构的压力角越小，则其动力特性越差，自锁可能性越大。
（　）（8）等速运动规律运动中存在柔性冲击。
（　）（9）凸轮的基圆半径越大，压力角越大。
（　）（10）常见的平底直动从动件盘形凸轮的压力角是0°。

3. 填空题
（1）凸轮机构主要是由_____、_____和固定机架三个基本构件组成的。
（2）按凸轮的外形，凸轮机构主要分为_____凸轮和_____凸轮两种基本类型。
（3）从动杆与凸轮轮廓的接触形式有_____、_____和平底三种。
（4）以凸轮的理论轮廓曲线的最小半径所作的圆称为凸轮的_____。
（5）凸轮理论轮廓曲线上某点的法线方向（即从动杆的受力方向）与从动杆速度方向之间的夹角称为凸轮在该点的_____。
（6）随着凸轮压力角α的增大，有害分力F_2将会_____而使从动杆自锁"卡死"，通常对移动式从动杆，推程时限制压力角α_____。
（7）等速运动凸轮在速度换接处从动杆将产生_____冲击，引起机构强烈的振动。
（8）凸轮的基圆半径越小，则凸轮机构的压力角越_____，而凸轮机构的尺寸越_____。
（9）在凸轮机构推杆的几种常用运动规律中，_____运动规律有刚性冲击；

_____、_____运动规律有柔性冲击。

（10）凸轮机构多用于传递_____动力的场合。

4. 简答题

（1）凸轮机构的功用是什么？

（2）凸轮的种类有哪些？都适合什么工作场合？

（3）凸轮机构的从动件有几种？各适合什么工作场合？

（4）从动件的运动规律有几种？各有什么特点？

（5）什么是基圆？基圆与压力角有什么关系？

（6）在什么情况下凸轮机构从动件才能得到运动的停歇？

（7）凸轮压力角大有什么不好？

（8）某一凸轮机构的滚子损坏后，是否可任取一滚子来替代？

5. 分析计算题（或实作题）

（1）标出图 8-4 所示各凸轮机构在该位置时的压力角。

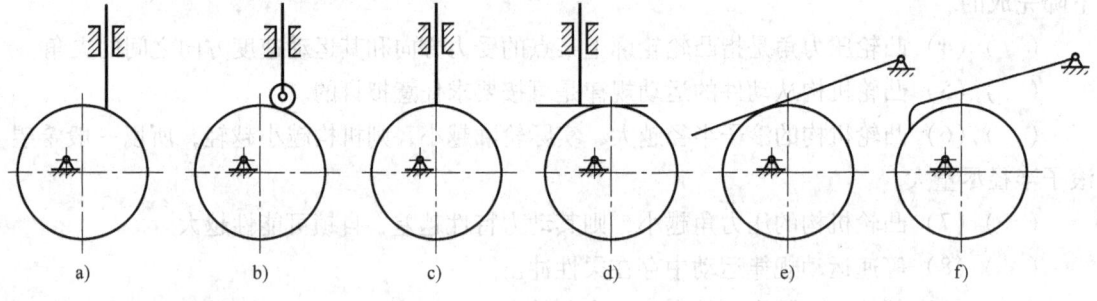

图 8-4

（2）在图 8-5 所示直动平底从动件盘形凸轮机构中，试指出：

1）图示位置时凸轮机构的压力角；

2）图示位置从动件的位移；

3）图示位置时凸轮的转角。

（3）图 8-6 所示的圆盘凸轮机构中，圆盘半径 $R = 50$mm，$e = 25$mm，凸轮以 $\omega = 2$rad/s 顺时针方向转过 90°时，从动件的速度 $v = 50$mm/s。试问：

1）在该位置时，凸轮机构的压力角为多大？

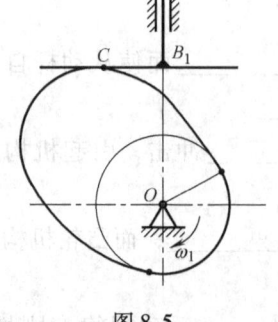

图 8-5

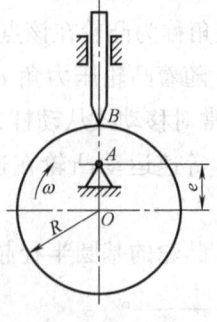

图 8-6

2）在该位置时，从动件的位移为多大？该凸轮机构从动件的行程 h 为多少？

（4）在图 8-7 所示的凸轮机构中，已知凸轮为偏心圆盘。要求：

1）画出凸轮机构中凸轮的理论轮廓曲线和基圆（其半径以 r_0 表示）；

2）标出在图示位置时推杆的位移 s 及推杆的行程 h；

3）标出此凸轮机构在图示位置的压力角 α 及由图示位置再继续转 30°时压力角 α'。

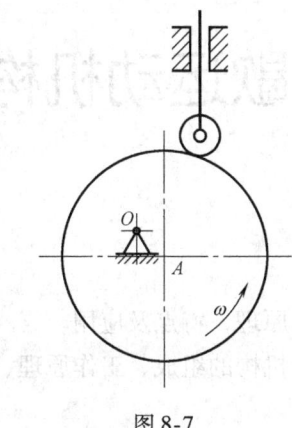

图 8-7

（5）设计一对心移动滚子从动件盘形凸轮。已知：凸轮以等角速度顺时针方向回转，凸轮的基圆半径 $r_0 = 50\text{mm}$，从动件的升程 $h = 15\text{mm}$，滚子半径 $r_T = 10\text{mm}$，$\Phi = 60°$、$\Phi_s = 30°$、$\Phi'_s = 60°$、$\Phi'_s = 210°$。从动件在推程作简谐运动，在回程作等加速等减速运动。试绘出凸轮的轮廓。

第 9 章

间歇运动机构

9.1 基本要求

1）了解棘轮机构的组成、工作原理、特点及应用。
2）了解槽轮机构和不完全齿轮机构的组成、工作原理、特点及应用。

9.2 重点和难点

1）本章重点是棘轮机构、槽轮机构的工作原理及应用。
2）本章难点是槽轮机构运动系数的概念及计算。

9.3 习题

1. 单项选择题

（1）在棘轮机构中，增大曲柄的长度，棘轮的转角（　　）。
A. 减小　　　　　　B. 增大　　　　　　C. 不变　　　　　　D. 变化不能确定

（2）要实现棘轮转角大小的任意改变，应选用（　　）。
A. 可变向棘轮机构　　　　　　B. 双动式棘轮机构
C. 摩擦式棘轮机构　　　　　　D. 防逆转棘轮机构

（3）曲柄每回转一周，槽轮反向完成两次步进运动的槽轮机构是（　　）。
A. 单圆销外啮合槽轮机构　　　　　　B. 单圆销内啮合槽轮机构
C. 双圆销外啮合槽轮机构　　　　　　D. 双圆销内啮合槽轮机构

（4）对于四槽双圆销外啮合槽轮机构，曲柄每回转一周，槽轮转过（　　）。
A. 45°　　　　　　B. 90°　　　　　　C. 180°　　　　　　D. 360°

（5）欲减少槽轮机构槽轮静止不动的时间，可采用（　　）的方法。
A. 适当增大槽轮的直径　　　　　　B. 增加槽轮的槽数
C. 缩短曲柄长度　　　　　　D. 适当增加圆销数量

（6）能实现间歇运动的机构是（　　）。

A. 曲柄摇杆机构   B. 双摇杆机构   C. 槽轮机构   D. 齿轮机构
（7）自行车后轴上的"飞轮"采用的机构是（　　）。
A. 棘轮机构   B. 槽轮机构   C. 不完全齿轮机构
（8）在齿式棘轮机构转角调节中不能采用的方法是（　　）。
A. 改变棘爪的运动范围   B. 利用覆盖罩
C. 改变棘爪的长短
（9）主动齿轮作连续转动、从动齿轮作间歇运动的齿轮传动机构称为（　　）。
A. 不完全齿轮机构   B. 槽轮机构   C. 棘轮机构
（10）下列间歇机构可以调节从动件转角的是（　　）。
A. 棘轮机构   B. 槽轮机构   C. 不完全齿轮机构
（11）在单向间歇运动机构中，棘轮机构常用于（　　）。
A. 低速轻载   B. 高速轻载   C. 低速重载   D. 高速重载
（12）调整棘轮转角的方法有：1）增加棘轮齿数；2）调整摇杆长度；3）调整遮盖罩的位置，其中（　　）方法有效。
A. 1）和2）   B. 2）和3）   C. 1）2）3）都可以

2. 判断题（正确的划√，错误的划×）
（　）（1）棘轮是具有齿形表面的轮子。
（　）（2）槽轮机构和棘轮机构一样，可以方便地调节槽轮转角的大小。
（　）（3）棘轮机构中，棘轮的转角随摇杆的摆角增大而减小。
（　）（4）不改变外啮合槽轮机构槽轮的槽数，只改变机构的圆销数，则槽轮的转角不变，但静止不动的时间将发生变化。
（　）（5）电影放映机的卷片装置采用的是槽轮机构。
（　）（6）摩擦式棘轮机构传动平稳、噪声小，可实现运动的无级调节，但其接触表面易发生滑动。
（　）（7）棘轮机构的转角不能调节，而槽轮机构的转角能调节。
（　）（8）棘轮机构除用于实现间歇运动外，还可用于防止机构逆转的停止器。
（　）（9）可换向棘轮机构中的棘轮齿形一般为锯齿形。
（　）（10）双动式棘轮机构在摇杆往复摆动过程中都能驱使棘轮沿同一方向转动。
（　）（11）棘轮机构中棘轮每次转动的转角可以进行无级调节。

3. 填空题
（1）间歇运动机构主要有三种：_____、_____和_____。
（2）槽轮机构主要由具有径向槽的_____、带有圆销的_____和机架组成。
（3）棘轮机构中，止动爪的作用是_____。
（4）双圆销外啮合槽轮机构中，当曲柄转一周时，槽轮转过_____槽口。
（5）齿式棘轮转角常采用改变_____和改变遮板的位置两种方法调节。
（6）棘轮机构的结构简单，制造方便，运转_____，转角大小_____

方便。

（7）改变棘轮机构摇杆摆角的大小，可以利用改变曲柄_____的方法来实现。

（8）摩擦式棘轮机构是一种无_____的棘轮，棘轮是通过与所谓棘爪摩擦块之间的_____而工作的。

（9）在起重设备中，可以使用棘轮机构_____鼓轮反转。

（10）在间歇运动机构中，当需要从动件的转角能无级调节时，可采用_____机构。

（11）槽数 $z=4$ 的外槽轮机构，主动销数最大应为_____。

（12）径向槽均布的外槽轮机构，其径向槽数最少数为_____。

4. 简答题

（1）什么是间歇运动？哪些机构能够实现间歇运动？

（2）槽轮机构有何特点？

（3）棘轮机构的运动设计主要包括哪些内容？

（4）调节棘轮转角大小有哪些办法？

（5）槽轮的静止可靠性和防止反转是怎样实现的？

（6）槽轮的槽数对机床的生产率有何影响？

（7）棘轮为什么只适合低速传动？

5. 分析计算题（或实作题）

（1）在外槽轮机构中，已知：槽轮的槽数 $z=6$，槽轮的停歇时间为 $1s/r$，槽轮的运动时间为 $2s/r$。试求：该槽轮的运动系数 τ 和该槽轮所需的圆销数 K。

（2）已知槽轮的槽数 $z=6$，拨盘的圆销数 $K=1$，转速 $n_1=60r/min$，试求槽轮的运动时间 t_m、静止时间 t_s 和运动系数 τ。

（3）某自动加工机床的工作转台要求有六个工位，转台停歇进行加工，其中最长的一个工序为 30s。现采用一单销槽轮机构来完成其间歇转位工作，试确定槽轮机构主动轮的转速。

（4）牛头刨床工作台的横向进给螺杆的导程 $Ph=3mm$，与螺杆固联的棘轮齿数 $z=40$。试求：1）该棘轮的最小转动角度 φ_{min}；2）该牛头刨床的最小进给量 S_{min}。

第10章 联接

10.1 基本要求

1) 了解联接的形式和应用。

2) 掌握螺纹联接的类型和应用场合、螺纹联接的预紧与防松、常用标准螺纹联接件的强度计算。

3) 掌握键联接的类型和功用、平键联接的结构、标准及尺寸选择。

4) 了解销联接的类型和功用。

10.2 重点和难点

1) 本章重点是各种联接的基本类型和应用场合,受轴向工作载荷的紧螺栓联接的分析和计算以及螺栓联接的强度计算。

2) 本章难点是承受倾覆(纵向)力矩螺栓组联接设计的计算。

10.3 习题

1. 单项选择题

(1) 为了不过于严重削弱轴和轮毂的强度,两个切向键最好布置成(   )。
A. 在轴的同一素线上   B. 180°   C. 120°~130°   D. 90°

(2) 普通平键的标记:GB/T 1096 键 B16×10×100 中,16×10 表示(   )。
A. 键宽×轴径   B. 键高×轴径   C. 键宽×键长   D. 键宽×键高

(3) 能构成紧联接的两种键是(   )。
A. 楔键和半圆键   B. 半圆键和切向键   C. 楔键和切向键   D. 平键和楔键

(4) 一般采用(   )加工 B 型普通平键的键槽。
A. 指形齿轮铣刀   B. 盘形铣刀   C. 插刀   D. 车刀

(5) 设计键联接时,键的截面尺寸 $b×h$ 通常根据(   )由标准中选择。
A. 传递转矩的大小   B. 传递功率的大小

C. 轴的直径 D. 轴的长度

（6）螺纹副在摩擦系数一定时，螺纹的牙型角越大，则（　　）。
A. 当量摩擦系数越小，自锁性能越好　　B. 当量摩擦系数越小，自锁性能越差
C. 当量摩擦系数越大，自锁性能越差　　D. 当量摩擦系数越大，自锁性能越好

（7）当轴上安装的零件要承受轴向力时，采用（　　）来轴向定位，所能承受的轴向力较大。
A. 圆螺母　　　　　B. 紧定螺钉　　　　C. 弹性挡圈

（8）箱体与箱盖联接，因箱体联接处厚度较大，材料较软，强度较低，而且需要经常装拆箱盖进行修理，故一般宜采用（　　）联接。
A. 双头螺柱　　　　B. 螺栓　　　　　　C. 螺钉

（9）受轴向载荷的紧螺栓联接，为保证联接件不出现缝隙，因此（　　）。
A. 残余预紧力 F_1 应小于零　　　　B. 残余预紧力 F_1 应大于零
C. 残余预紧力 F_1 应等于零　　　　D. 预紧力 F_0 应大于零

（10）联接件受横向外力作用时，若采用普通螺栓联接，则螺栓可能的失效形式为（　　）。
A. 剪切或挤压破坏　　　　　　　　B. 拉断
C. 拉、扭联合作用下断裂　　　　　D. 拉、扭联合作用下塑性变形

（11）螺纹副中一个零件相对于另一个转过一圈时，它们沿轴线方向相对移动的距离是（　　）。
A. 线数×螺距　　B. 一个螺距　　C. 线数×导程　　D. 导程/线数

（12）当两个联接件不太厚时，宜采用（　　）。
A. 双头螺柱联接　B. 螺栓联接　　C. 螺钉联接　　D. 紧定螺钉联接

（13）螺纹联接防松的根本问题在于（　　）。
A. 增加螺纹联接的轴向力　　　　B. 增加螺纹联接的横向力
C. 防止螺纹副的相对转动　　　　D. 增加螺纹联接的刚度

（14）为联接承受横向工作载荷的两块薄钢板，一般采用（　　）。
A. 螺栓联接　　B. 双头螺柱联接　　C. 螺钉联接　　D. 紧定螺钉联接

（15）已知钢板用两只普通螺栓联接，横向工作载荷为 F，接合面个数为 4，接合面之间的摩擦系数为 0.15，为使连接可靠，取安全裕度系数为 1.2，则每个螺栓需要的预紧力为（　　）。
A. $0.5F$　　　　B. F　　　　C. $2F$　　　　D. $4F$

（16）采用（　　）方法不能改善螺纹牙受力不均匀程度。
A. 增加旋合圈数　B. 悬置螺母　　C. 内斜螺母　　D. 钢丝螺母

（17）楔键联接的主要缺点是（　　）。
A. 工作面磨损　　　　　　　　B. 轴与轮毂偏心
C. 不能承受任何轴向力　　　　D. 传递转矩较小

第10章 联接

2. 判断题（正确的划√，错误的划×）

（　）（1）平键联接的一个优点是轴与轮毂的对中性好。
（　）（2）在平键联接中，平键的两侧面是工作面。
（　）（3）花键联接通常用于要求轴与轮毂严格对中的场合。
（　）（4）按标准选择的普通平键的主要失效形式是剪断。
（　）（5）两端为圆形的平键槽用圆盘形铣刀加工。
（　）（6）楔形键联接不可以用于高速转动的联接。
（　）（7）平键联接一般应按不被剪断而进行剪切强度计算。
（　）（8）传递双向转矩时应选用两个对称布置的切向键（即两键在轴上位置相隔180°）。
（　）（9）滑键的主要失效形式不是磨损而是键槽侧面的压溃。
（　）（10）为了提高受轴向变载荷螺栓联接的疲劳强度，可以增加螺栓刚度。
（　）（11）普通螺栓联接中的螺栓受横向载荷时只需计算剪切强度和挤压强度。
（　）（12）联接件是锻件或铸件时，可将安装螺栓处加工成小凸台，其目的是易拧紧。
（　）（13）受横向载荷的铰制孔螺栓联接，螺栓的抗拉强度不需要进行计算。
（　）（14）减少螺栓和螺母的螺距变化差可以改善螺纹牙间的载荷分配不均的程度。
（　）（15）螺纹的公称直径是指螺纹的大径，螺纹的升角是指螺纹中径处的升角。
（　）（16）用于薄壁零件联接的螺纹，应采用三角形细牙螺纹。

3. 填空题

（1）普通平键的工作面是_____，楔键的工作面是_____。
（2）如需在同一轴段安装一对半圆键时，应将它们布置在_____。
（3）普通平键标记：GB/T 1096 键 20×12×110 中，20 代表_____，110 代表_____，它的型号是_____型。它常用作轴毂联接的_____向固定。
（4）平键的长度通常由_____确定，横截面尺寸通常由_____确定。
（5）半圆键装配_____，但对轴的强度_____。
（6）普通螺纹的公称直径是指螺纹的_____，计算螺纹的摩擦力矩时使用的是螺纹的_____，计算螺纹危险截面时使用的是螺纹的_____。
（7）标记为螺栓 GB/T 5782 M16×80 的六角头螺栓的螺纹是_____形，牙型角等于_____，线数等于_____，16 代表_____，80 代表_____。
（8）在一定的变载荷作用下，承受轴向工作载荷的螺栓联接的疲劳强度是随着螺栓刚度的增加而_____；且随着联接件刚度的增加而_____。
（9）双头螺柱联接的两个被联接件之一是_____孔，另一个是_____孔。
（10）螺纹联接常用的防松原理有_____、_____和_____。其对应的防松装置有_____、_____和_____。
（11）受轴向载荷的紧螺栓所受的总拉力是_____与_____之和。
（12）普通螺纹的牙型角 α = _____，适用于_____，而梯形螺纹的牙型角 α = _____，适用于_____。

（13）螺旋副的自锁条件是螺纹升角 ψ _____ 当量摩擦角 φ_v。

（14）若普通螺栓联接受横向载荷作用，则螺栓受_____应力和_____应力作用。

（15）在常用螺纹牙型中，_____形螺纹的传动效率最高，_____形螺纹的自锁性最好。

4. 简答题

（1）为什么螺纹联接常需要防松？防松的实质是什么？有哪几类防松措施？

（2）螺栓的主要失效形式有哪些？

（3）螺栓组联接受力分析的目的是什么？在进行受力分析时，通常要做哪些假设条件？

（4）提高螺栓联接强度的措施有哪些？

（5）平键联接有哪些失效形式？

（6）常用螺纹按牙型分为哪几种？各有何特点？各适用于什么场合？

（7）螺纹联接有哪些基本类型？各有何特点？各适用于什么场合？

（8）常用普通平键有哪几种类型？各适合什么场合？

（9）校核键的强度时，许用应力根据什么来确定？

5. 分析计算题（或实作题）

（1）受轴向工作载荷的紧螺栓联接中，已知：预紧力为 4000N，轴向工作载荷在 0～2400N 之间作脉动循环变化，试求螺栓所受的最大载荷和最小载荷；当轴向工作载荷为多少时，联接件间出现间隙（注：$C_b/(C_b+C_m)=2/3$）。

（2）图 10-1 所示的螺栓联接采用两个 M16（小径 $d_1=13.835\text{mm}$，中径 $d_2=14.701\text{mm}$）的普通螺栓，螺栓材料为 45 钢，8.8 级，$\sigma_s=640\text{MPa}$，联接时不严格控制预紧力（取安全系数 $S=4$，联接件接合面间的摩擦系数 $f=0.2$。若考虑摩擦传力的可靠性系数（防滑系数）$K_s=1.2$，试计算该联接允许传递的静载荷 F_R（取计算直径 $d_C=d_1$）。

（3）一牵曳钩用两个 M10（$d_1=8.376\text{mm}$）的普通螺栓固定于机体上，如图 10-2 所示，已知：接合面间摩擦系数 $f=0.15$，防滑系数 $K_s=1.2$，螺栓材料强度级别为 6.6 级，安全系数 $S=3$，试计算该螺栓组联接允许的最大牵引力 F_{max}。

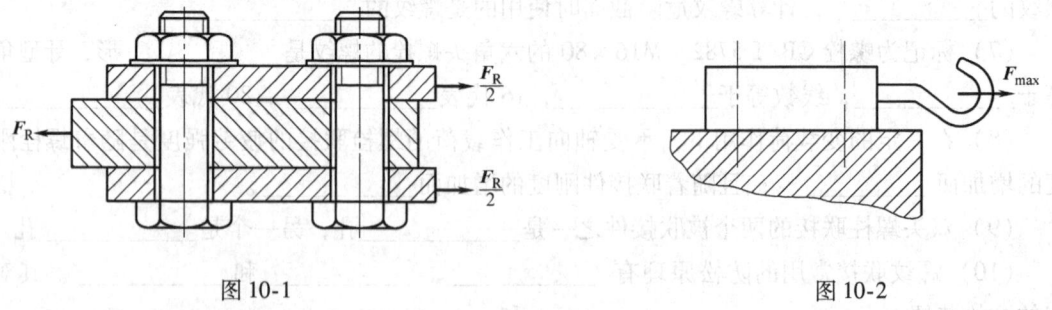

图 10-1   图 10-2

（4）一齿轮装在轴上，采用 A 型普通平键联接。齿轮、轴、键均用 45 钢，轴径 $d=80\text{mm}$，轮毂长度 $L'=150\text{mm}$，传递转矩 $T=2000\text{N}\cdot\text{m}$，工作中有轻微冲击。试确定平键尺寸和标记，并验算联接的强度。

（5）已知图 10-3 所示的轴伸长度为 72mm，直径 $d = 40$mm，配合公差为 H7/k6，采用 A 型普通平键联接。试确定图中各结构尺寸、尺寸公差、表面粗糙度和几何公差（一般联接）。

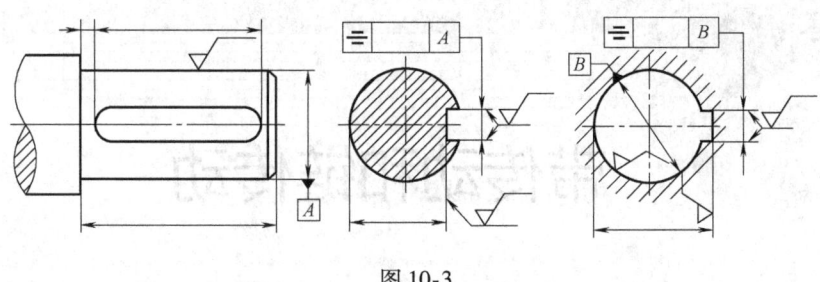

图 10-3

（6）图 10-4 所示为一压力容器用 8 个 M18 的螺栓联接，螺栓小径 $d_1 = 15.294$mm，螺栓分布圆直径 $D_0 = 580$mm，容器缸径 $D = 500$mm。容器通入 $p = 0.4$MPa 的气体，要求残余预紧力为 1.8 倍的工作载荷。试验证螺栓强度是否满足要求（注：螺栓许用应力 $[\sigma] = 160$MPa）。

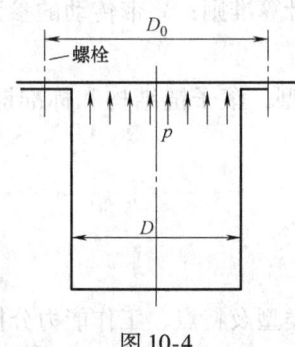

图 10-4

第11章

带传动和链传动

11.1 基本要求

1) 了解带传动的组成、工作原理、特点、类型和应用;V带的构造和标准;V带轮的常用材料和结构;带传动的弹性滑动及传动比。

2) 掌握带传动的失效形式和计算准则;V带传动的参数选择和设计计算方法;带传动的安装、张紧和维护。

3) 理解链传动工作原理及类型,滚子链结构和标准链传动的运动特性和受力与失效分析。

11.2 重点和难点

1) 本章重点是带传动的主要类型及特点、工作能力分析及传动计算。
2) 本章难点是带传动的弹性滑动和打滑。

11.3 习题

1. 单项选择题

(1) 与链传动相比较,带传动的优点是_____。

A. 工作平稳,基本无噪声　　　　B. 承载能力大

C. 传动效率高　　　　　　　　　D. 使用寿命长

(2) 两带轮直径一定时,减小中心距将引起_____。

A. 带的弹性滑动加剧　　　　　　B. 带传动效率降低

C. 带工作噪声增大　　　　　　　D. 小带轮上的包角减小

(3) 带传动在工作时,假定小带轮为主动轮,则带内应力的最大值发生在带_____。

A. 进入大带轮处　　　　　　　　B. 紧边进入小带轮处

C. 离开大带轮处　　　　　　　　D. 离开小带轮处

(4) 带轮是采用轮辐式、腹板式或实心式,主要取决于_____。

A. 带的横截面尺寸　　　B. 传递的功率　　　C. 带轮的线速度　　　D. 带轮的直径

(5) V带传动设计中，选取小带轮基准直径的依据是_____。

A. 带的型号　　　B. 带的速度　　　C. 主动轮转速　　　D. 传动比

(6) V带比平带传动能力大的主要原因是_____。

A. V带的强度高　　　B. 没有接头　　　C. 产生的摩擦力大

(7) 设计时，带速如果超出许用范围，应采取_____措施。

A. 更换带型号　　　B. 降低对传动能力的要求

C. 重选带轮直径

(8) 带传动的中心距过大将会引起_____的不良后果。

A. 带会产生抖动　　　B. 带易磨损　　　C. 带易产生疲劳破坏

(9) V带轮槽角应小于带楔角的目的是_____。

A. 增加带的寿命　　　B. 便于安装　　　C. 可以使带与带轮间产生较大的摩擦力

(10) 带传动工作时产生弹性滑动是因为_____。

A. 带的预紧力不够　　　　　　　　　　B. 带的紧边和松边拉力不等

C. 带绕过带轮时有离心力　　　　　　　D. 带和带轮间摩擦力不够

(11) V带传动设计中，限制小带轮的最小直径主要是为了_____。

A. 使结构紧凑　　　　　　　　　　　　B. 限制弯曲应力

C. 保证带和带轮接触面有足够的摩擦力　D. 限制小带轮上的包角

(12) 与齿轮传动相比较，链传动的优点是_____。

A. 传动效率高　　　　　　　　　　　　B. 工作平稳，无噪声

C. 承载能力大　　　　　　　　　　　　D. 能传递的中心距大

(13) 链条由于静强度不够而被拉断的现象，多发生在_____情况下。

A. 低速重载　　　B. 高速重载　　　C. 高速轻载　　　D. 低速轻载

(14) 链传动张紧的目的是_____。

A. 使链条产生初拉力，以使链传动能传递运动和功率

B. 使链条与轮齿之间产生摩擦力，以使链传动能传递运动和功率

C. 避免链条垂度过大时产生啮合不良

D. 避免打滑

(15) 链传动中，一般链条节数为偶数，链轮齿数为奇数，最好互为质数，其原因是_____。

A. 磨损均匀　　　　　　　　　　　　　B. 抗冲击能力大

C. 减少磨损与胶合　　　　　　　　　　D. 瞬时传动比为定值

(16) 链传动中，限制链轮最小齿数的目的是为了_____。

A. 减少传动的运动不均匀性和动载荷　　B. 防止链节磨损后脱链

C. 使小链轮轮齿受力均匀　　　　　　　D. 防止润滑不良时加速磨损

(17) 链传动中作用在压轴上的压力要比带传动小，这主要是由于_____。

A. 这种传动只用于传递小功率　　　　　B. 链的质量大，离心力也大

C. 啮合传动不需很大的初拉力   D. 在传递相同功率时圆周力小

（18）链传动中当其他条件不变的情况下，传动的平稳性随链条节距 p 的_____。

  A. 减小而提高   B. 减小而降低   C. 增大而提高   D. 增大而不变

（19）与带传动相比较，链传动的优点是_____。

  A. 工作平稳，无噪声   B. 寿命长

  C. 制造费用低   D. 能保持准确的瞬时传动比

（20）应用标准滚子链传动的许用功率曲线，必须根据_____来选择链条的型号和润滑的方法。

  A. 链条的圆周力和传递功率   B. 小链轮的转速和计算功率

  C. 链条的圆周力和计算功率   D. 链条的速度和计算功率

（21）链传动中心距过小的缺点是_____。

  A. 链条工作时易颤动，运动不平稳   B. 链条运动不均匀性和冲击作用增强

  C. 小链轮上的包角小，链条磨损快   D. 链条铰链易发生胶合

（22）在一定转速下，要减轻链传动的运动不均匀和动载荷，应_____。

  A. 增大链节距和链轮齿数   B. 减小链节距和链轮齿数

  C. 增大链节距，减小链轮齿数   D. 减小链条节距，增大链轮齿数

2. 判断题（正确的划√，错误的划×）

（　）（1）带传动接近水平布置时，应将松边放在下边。

（　）（2）若设计合理，带传动的打滑是可以避免的，但弹性滑动却无法避免。

（　）（3）在相同的预紧力作用下，V 带的传动能力高于平带的传动能力。

（　）（4）带传动中，实际有效拉力的数值取决于预紧力、包角和摩擦系数。

（　）（5）带传动的最大有效拉力与预紧力、包角和摩擦系数成正比。

（　）（6）适当增加带长，可以延长带的使用寿命。

（　）（7）带轮转速越高，带截面上的最大拉应力也相应增大。

（　）（8）为了增强传动能力，可以将带轮工作面制得粗糙些。

（　）（9）为了保证 V 带传动具有一定的传动能力，小带轮的包角通常要求大于或等于 120°。

（　）（10）V 带根数越多，受力越不均匀，故设计时一般 V 带不应超过 10 根。

（　）（11）V 带的张紧轮最好布置在松边外侧靠近大带轮处。

（　）（12）为降低成本，V 带传动通常可将新、旧带混合使用。

（　）（13）在链传动中，如果链条中有过渡链节，则极限拉伸载荷将降低。

（　）（14）链轮齿数越少，越容易发生跳齿和脱链。

（　）（15）节距是滚子传动链条的主要参数。

（　）（16）为了使各排链受力均匀，链的排数不宜过多。

（　）（17）链传动只能用于平行轴间的传动。

（　）（18）链传动安装时，松边垂度越大越好。

（　）（19）安装润滑良好的闭式链传动中，主要失效形式为链的疲劳破坏。

（　）（20）滚子链传动瞬时传动比恒定，传动平稳。
3. 填空题
（1）在设计 V 带传动时，为了提高 V 带的寿命，宜选取_____的小带轮直径。
（2）带传动正常工作时不能保证准确的传动比是因为_____。
（3）平带、V 带传动主要依靠_____传递运动和动力。
（4）当中心距不能调节时，可采用张紧轮将带张紧，张紧轮一般应放在_____的内侧，这样可以使带只受_____弯曲。为避免过分影响_____带轮上的包角，张紧轮应尽量靠近_____带轮。
（5）为了使 V 带与带轮轮槽更好地接触，轮槽楔角应_____带截面的楔角，随着带轮直径减小，角度的差值越_____。
（6）带传动限制小带轮直径不能太小，是为了_____。若小带轮直径太大，则_____。
（7）带传动中，带的离心拉力发生在_____带中。
（8）带传动中，传动带所受的三种应力是_____、_____和_____。最大应力等于_____，它发生在_____处，若带的许用应力小于它，将导致带的_____失效。
（9）控制适当的预紧力是保证带传动正常工作的重要条件，预紧力不足，则_____；预紧力过大则_____。
（10）带传动打滑总是在_____轮上先开始。
（11）普通 V 带中以_____型带的截面尺寸最小。
（12）带传动采用张紧装置的目的是_____。
（13）带轮常采用_____材料来制造。
（14）链传动中，即使主动轮的角速度等于常数，也只有当_____时，从动轮的角速度和传动比才能得到恒定值。
（15）链传动的润滑方式可根据_____和_____选择。
（16）与带传动相比较，链传动的承载能力_____，传动效率_____，作用在轴上的径向压力_____。
（17）链轮的转速_____，节距_____，齿数_____，则链传动的动载荷就越大。
（18）链传动一般应布置在_____平面内，尽可能避免布置在_____平面或_____平面内。
（19）在链传动中，当两链轮的轴线在同一水平面时，应将_____边布置在上面，_____边布置在下面。
（20）链传动设计计算中，根据_____和_____从功率曲线中选择滚子链的链号。
（21）链传动工作时，靠_____来传递运动和动力。

4. 简答题

（1）平带与 V 带在条件相同时哪个传递动力大？为什么？

（2）带传动中，弹性滑动是怎样产生的？造成什么后果？

（3）对小带轮的包角有何限制？采取哪些措施可增大包角？

（4）普通 V 带由哪几部分组成？各部分的作用是什么？

（5）带传动的主要失效形式是什么？带传动设计的主要依据是什么？

（6）带传动为什么必须张紧？常用带的张紧装置有哪些？

（7）滚子传动链传动具有运动不均匀性，试分析其原因。

（8）链传动的布置原则有哪些？

（9）滚子链传动的失效形式有哪些？

（10）为什么链传动的链条需要定期张紧？

（11）影响链传动不平稳的因素有哪些？

（12）如何确定链传动的润滑方式？

5. 分析计算题（或实作题）

（1）设计一减速器用普通 V 带传动。动力机为 Y 系列三相异步电动机，功率 $P = 7\text{kW}$，转速 $n_1 = 1420\text{r/min}$，减速器工作平稳，转速 $n_2 = 700\text{r/min}$，每天工作 8h，希望中心距大约为 600mm（已知：工作情况系数 $K_A = 1.0$，选用 A 型 V 带，取主动轮基准直径 $d_1 = 100\text{mm}$，单根 A 型 V 带的基本额定功率 $P_0 = 1.30\text{kW}$，功率增量 $\Delta P_0 = 0.17\text{kW}$，包角系数 $K_\alpha = 0.98$，长度系数 $K_L = 1.01$，带的质量 $q = 0.1\text{kg/m}$）。

（2）V 带传动传递的功率 $P = 7.5\text{kW}$，带速 $v = 10\text{m/s}$，现测得张紧力 $F_0 = 1125\text{N}$。试求紧边拉力 F_1 和松边拉力 F_2。

（3）单根带传递最大功率 $P = 4.7\text{kW}$，小带轮的 $d_1 = 200\text{mm}$，$n_1 = 1800\text{r/min}$，$\alpha_1 = 135°$，$f_v = 0.25$。试求紧边拉力 F_1 和有效拉力 F_e（带与带轮间的摩擦力已达到最大摩擦力）。

（4）设计某木工机械用普通 V 带传动。已知：电动机额定功率 $P = 4\text{kW}$，转速 $n_1 = 1450\text{r/min}$，传动比 $i = 2.7$，每天两班制工作。

（5）试校核某车床所用的四根 C 型 V 带传动。已知：电动机额定功率 $P = 11\text{kW}$，转速 $n_1 = 1440\text{r/min}$，$d_{d1} = 140\text{mm}$，$d_{d2} = 300\text{mm}$，$a = 700\text{mm}$，每天工作 16h。

（6）一滚子链传动，已知：单排链链节距 $p = 15.875\text{mm}$，小链轮齿数 $z_1 = 21$，大链轮齿数 $z_2 = 63$，中心距 $a = 700\text{mm}$，小链轮转速 $n_1 = 750\text{r/min}$，载荷平稳，试计算链节数、链所能传递的最大功率及链的工作拉力。

（7）单列滚子链传动的功率 $P = 1\text{kW}$，链节距 $p = 12.7\text{mm}$，主动链轮转速 $n_1 = 150\text{r/min}$，主动链轮齿数 $z_1 = 19$，中等冲击载荷，试校核此传动的静强度。

（8）试设计一链式输送机中的链传动。已知：传递功率 $P = 8\text{kW}$，链轮转速 $n_1 = 970\text{r/min}$、$n_2 = 350\text{r/min}$，载荷平稳。

齿轮传动

12.1 基本要求

1) 了解齿轮机构的组成、特点、分类和应用；渐开线的形成及性质。

2) 掌握渐开线标准直齿圆柱齿轮传动：渐开线齿轮各部分名称、主要参数、标准直齿圆柱齿轮的几何尺寸计算；一对渐开线齿轮的啮合传动；齿轮常用材料及热处理方法。

3) 掌握渐开线标准直齿圆柱齿轮传动的强度计算：轮齿失效形式、传动受力分析、接触（弯曲）疲劳强度计算、参数选择、设计步骤。

4) 掌握渐开线斜齿圆柱齿轮传动：斜齿圆柱齿轮的主要参数、主要几何尺寸、当量齿数，斜齿圆柱齿轮传动正确啮合条件和主要优缺点，斜齿圆柱齿轮传动的受力分析、强度计算和主要参数选择。

5) 了解渐开线齿轮的切齿原理，渐开线标准直齿圆柱齿轮的根切现象和最少齿数，渐开线变位齿轮的概念。

12.2 重点和难点

1) 本章重点是渐开线标准直齿圆柱齿轮的啮合原理、几何尺寸计算和设计方法，齿轮传动的受力分析。

2) 本章难点是当量齿轮的概念、齿轮传动的受力分析、合理确定设计准则及设计参数的选择。

12.3 习题

1. 单项选择题

（1）开式齿轮传动的主要失效形式为（　　）。
A. 齿面点蚀　　B. 齿面磨损和齿面点蚀　　C. 齿面磨损和齿根折断　　D. 齿根折断

（2）任何齿轮传动，主动轮圆周力方向与其转向（　　）。
A. 相反　　　　　　　　　　　　　　　　B. 相同

(3）单级圆柱齿轮传动，为了避免外廓尺寸过大，其传动比通常不超过（　　）。
A. 10　　　　B. 5　　　　C. 8　　　　D. 13

(4）形成齿轮渐开线的圆称为（　　）。
A. 齿根圆　　B. 齿顶圆　　C. 基圆　　D. 分度圆

(5）一对啮合的齿轮，若材料不同，它们的齿面接触应力（　　）。
A. 小齿轮大　　B. 相等　　C. 大齿轮大

(6）标准齿轮分度圆上的压力角（　　）20°。
A. 等于　　B. 大于　　C. 小于

(7）当一对渐开线齿轮的中心距略有变化时，其瞬时传动比（　　）。
A. 变大　　B. 为变数　　C. 为常数　　D. 变小

(8）渐开线直齿圆柱齿轮的正确啮合条件为（　　）。
A. 模数相等　　B. 模数和压力角分别相等　　C. 压力角相等

(9）一般参数的闭式硬齿面齿轮传动的主要失效形式是（　　）。
A. 齿面点蚀　　B. 轮齿折断　　C. 齿面磨损　　D. 齿面胶合

(10）在闭式齿轮传动中，高速重载齿轮传动的主要失效形式是（　　）。
A. 轮齿疲劳折断　　B. 齿面疲劳点蚀　　C. 齿面胶合
D. 齿面磨粒磨损　　E. 齿面塑性变形

(11）对齿轮轮齿材料性能的基本要求是（　　）。
A. 齿面要硬，齿心要韧　　B. 齿面要硬，齿心要脆
C. 齿面要软，齿心要脆　　D. 齿面要软，齿心要韧

(12）对于一对材料相同的软齿面齿轮传动，常用的热处理方法是（　　）。
A. 小齿轮淬火，大齿轮调质　　B. 小齿轮淬火，大齿轮正火
C. 小齿轮正火，大齿轮调质　　D. 小齿轮调质，大齿轮正火

(13）提高齿轮的抗点蚀能力，不能采用（　　）的方法。
A. 采用闭式传动　　B. 加大传动中心距
C. 提高齿面硬度　　D. 减小齿轮的齿数，增大齿轮的模数

(14）对某一类型机器的齿轮传动，选择齿轮精度等级，主要是根据齿轮（　　）。
A. 圆周速度的大小　　B. 转速的高低　　C. 传递功率的大小
D. 传递转矩的大小

(15）直齿锥齿轮传动的强度计算方法是以（　　）的当量圆柱齿轮为计算基础的。
A. 小端　　B. 大端　　C. 齿宽中点处

2. 判断题（正确的划√，错误的划×）

（　）(1）一对直齿圆柱齿轮传动，在齿顶到齿根各点接触时，齿面的法向力 F_n 是相同的。

（　）(2）m、α、h_a^*、c^* 都是标准值的齿轮一定是标准齿轮。

（　）(3）钢制圆柱齿轮，若齿根圆到键槽底部的距离 $e > 2m$，应制成齿轮轴结构。

（　）(4）在机床的主轴箱中，用于变速的滑移齿轮应选用直齿锥齿轮。

（　）（5）在直齿锥齿轮传动中，锥齿轮所受的轴向力必定指向大端。

（　）（6）对于软齿面闭式齿轮传动，若弯曲强度校核不足，较好的解决办法是保持 d_1 和 b 不变，而减少齿数，增大模数。

（　）（7）钢制齿轮多用锻钢制造，只有在齿轮直径很大和形状复杂时才用铸钢制造。

（　）（8）齿轮传动在高速重载情况下，且散热条件不好时，其齿轮的主要失效形式为齿面塑性变形。

（　）（9）在开式齿轮传动中，应根据齿轮的接触疲劳强度设计。

（　）（10）一对相啮合的齿轮，若大小齿轮的材料、热处理情况相同，则它们的工作接触应力和许用接触应力均相等。

（　）（11）齿轮传动中，经过热处理的齿面称为硬齿面，而未经热处理的齿面称为软齿面。

（　）（12）渐开线的形状取决于基圆的大小。

（　）（13）所有齿轮传动中，若不计齿面摩擦力，一对齿轮的圆周力都是一对大小相等、方向相反的作用力和反作用力。

（　）（14）一对齿轮若接触强度不够，则增大模数；而齿根弯曲强度不够时，则要加大分度圆直径。

（　）（15）两个压力角相同，而模数和齿数均不相同的正常齿标准直齿圆柱齿轮，其中轮齿大的齿轮模数较大。

（　）（16）一对直齿圆柱齿轮正确啮合的条件是：两轮齿的大小、形状都相同。

（　）（17）渐开线齿轮上，基圆直径一定比齿根圆直径小。

（　）（18）直齿圆柱齿轮传动时，轮齿间同时有轴向力、圆周力和径向力作用。

（　）（19）平行轴斜齿轮的端面模数为标准值。

（　）（20）只有一对标准齿轮在标准中心距情况下啮合传动时，啮合角的大小才等于分度圆压力角。

（　）（21）圆柱齿轮传动中，齿根弯曲应力的大小与材料及热处理工艺无关，但弯曲疲劳强度的高低却与材料及热处理工艺有关。

（　）（22）某齿轮传动发生断齿，判定是设计原因，若齿轮材料和制造工艺不变，最有效的办法是增大模数。

3. 填空题

（1）分度圆齿距 p 与 π 的比值定为标准值，称为_____。

（2）一对齿轮啮合时，其大、小齿轮的接触应力是_____的；而其许用接触应力是_____的；小齿轮的弯曲应力与大齿轮的弯曲应力一般也是_____的。

（3）设计闭式硬齿面齿轮传动时，当直径 d_1 一定时，应取_____的齿数 z_1，使_____增大，以提高轮齿的弯曲强度。

（4）根据加工原理不同，齿轮轮齿的加工分为_____法和_____法两类。

（5）一对圆柱齿轮，通常把小齿轮的齿宽做得比大齿轮宽一些，其主要原因是_____。

(6) 一对圆柱齿轮传动,当其他条件不变时,仅将齿轮传动所受的载荷增为原载荷的4倍,其齿面接触应力将增为原应力的_____倍。

(7) 渐开线上任一点的法线与基圆_____,渐开线上各点的曲率半径是_____的。

(8) 一对减速齿轮传动,若保持两齿轮分度圆的直径不变,而减少齿数和增大模数时,其齿面接触应力将_____。

(9) 渐开线上各处的压力角_____等。

(10) 在直齿圆柱齿轮强度计算中,当齿面接触强度已足够,而齿根弯曲强度不足时,可采用下列措施来提高弯曲强度:①_____,②_____,③_____。

(11) 一对外啮合斜齿圆柱齿轮的正确啮合条件是:①_____;②_____;③_____。

(12) 对齿轮材料的基本要求是:齿面_____,齿芯_____,以抵抗各种齿面失效和齿根折断。

(13) 一般开式齿轮传动中的主要失效形式是_____和_____。

(14) 一般闭式齿轮传动中的主要失效形式是_____和_____。

(15) 开式齿轮的设计准则是_____。

(16) 对于闭式软齿面齿轮传动,主要按_____强度进行设计。而按_____强度进行校核,这时影响齿轮强度的最主要几何参数是_____。

(17) 渐开线直齿圆柱齿轮上具有标准_____和标准_____的圆,称为分度圆。

(18) 斜齿圆柱齿轮的标准模数是_____,直齿锥齿轮的标准模数是_____。

4. 简答题

(1) 渐开线齿轮正确啮合的条件是什么?满足正确啮合条件的一对齿轮是否一定能连续传动?

(2) 齿面点蚀一般首先发生在轮齿的什么部位?在开式齿轮传动中,为什么一般不出现点蚀破坏?如何提高齿面抗点蚀的能力?

(3) 在平行轴外啮合斜齿轮传动中,大、小斜齿轮的螺旋角方向是否相同,斜齿轮的受力方向与哪些因素有关?

(4) 硬齿面和软齿面齿轮在点蚀失效和轮齿折断失效方面有何不同,设计时应如何考虑?

(5) 齿轮的主要结构类型有哪些?为什么齿轮和轴往往分开制造?什么情况下加工成齿轮轴?

(6) 渐开线的形状因何而异?一对啮合的渐开线齿轮,若其齿数不同,其齿廓渐开线形状是否相同?若两个齿轮,其分度圆及压力角相同,但模数不同,试问其齿廓渐开线形状是否相同?若两个齿轮的模数和齿数均相同,但压力角不同,其齿廓渐开线形状是否相同?

（7）何谓齿轮中的分度圆？何谓节圆？二者的直径是否一定相等或一定不相等？

（8）何谓齿廓的根切现象？在什么情况下会产生根切现象？是否基圆半径越小就越容易产生根切？齿廓的根切有什么危害？根切与被切齿轮的齿数有什么关系？如何避免根切？

（9）斜齿轮的螺旋角 β 对传动有什么影响？它的常用范围是多少？是如何考虑的？

（10）何为斜齿轮的当量齿轮和锥齿轮的当量齿轮，计算当量齿数的目的何在？

（11）在设计软齿面齿轮传动时，为什么常使小齿轮的齿面硬度高于大齿轮的齿面硬度 20～50HBW？

5. 分析计算题（或实作题）

（1）已知一对正确安装的标准渐开线正常齿轮的 $\alpha=20°$，$m=4$mm，传动比 $i_{12}=3$，中心距 $a=144$mm。试求两齿轮的齿数、分度圆半径、齿顶圆半径、齿根圆半径和基圆半径。

（2）一渐开线标准直齿圆柱齿轮的齿数 $z=30$，模数 $m=4$mm，齿顶高系数 $h_a^*=1$，压力角 $\alpha=20°$。试求其齿廓在分度圆及齿顶圆上的压力角和曲率半径。

（3）有一渐开线标准直齿圆柱齿轮，基圆半径 $r_b=56.382$mm，分度圆压力角 $\alpha=20°$。试求：

1）在 $r_k=65$mm 的圆上，渐开线 K 点的压力角 α_k 及曲率半径 ρ_k；

2）分度圆半径 r 及渐开线分度圆处的曲率半径 ρ；

3）基圆上渐开线起始点的压力角 α_b 及曲率半径 ρ_b。

（4）某标准直齿圆柱齿轮，已知：齿距 $p=12.56$mm，齿数 $z=20$，正常齿制。试求该齿轮的分度圆直径 d、齿顶圆直径 d_a、齿根圆直径 d_f、基圆直径 d_b、齿高 h 及齿厚 s（$\cos20°\approx0.94$）。

（5）已知一正常齿制的标准直齿圆柱齿轮，齿数 $z_1=20$，模数 $m=2$mm，拟将该齿轮作为某外啮合传动的主动齿轮，现须配一从动齿轮，要求传动比 $i=3.5$，试计算从动齿轮的几何尺寸及两轮的中心距。

（6）一对外啮合渐开线标准直齿圆柱齿轮传动，已知：齿数 $z_1=23$、$z_2=45$，模数 $m=4$mm，分度圆压力角 $\alpha=20°$，节圆压力角 $\alpha'=23°$。试求两齿轮分度圆直径 d_1、d_2，基圆直径 d_{b1}、d_{b2}，节圆直径 d_1'、d_2'，实际中心距 a'。

（7）已知一对斜齿圆柱齿轮传动，轮 1 主动，轮 2 螺旋线方向为左旋，其转向如图 12-1 所示。试在图中标出轮 1、轮 2 的螺旋线方向及圆周力 F_{t1}、F_{t2}、轴向力 F_{a1}、F_{a2} 的方向。

（8）某二级斜齿圆柱齿轮减速器。已知：轮 1 主动，转动方向和螺旋方向如图 12-2 所示。若使轴Ⅱ上轮 2、3 的轴向力抵消一部分，试确定轮 3 螺旋线的方向，并将各轮的螺旋线方向及轴向力 F_a 的方向标在图中。

（9）某二级直锥齿–斜齿圆柱齿轮传动，已知：轮 1 主动，转向如图 12-3 所示，为使轴Ⅱ上承受的轴向力抵消一部分，试确定轮 3 的螺旋方向，并将轮 3、4 螺旋方向和各轮轴向力 F_a 方向及转动方向标在图中。

（10）单级闭式直齿圆柱齿轮传动中，小齿轮的材料

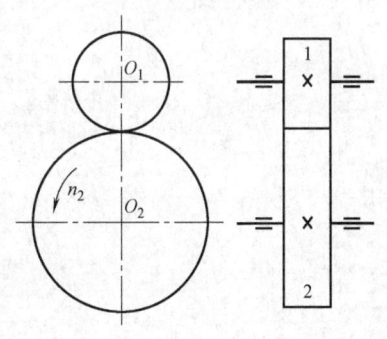

图 12-1

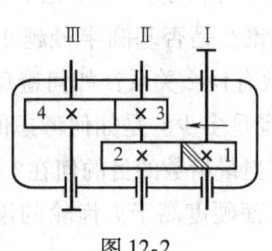
图 12-2

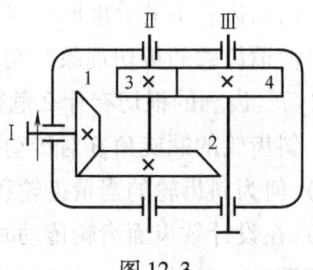
图 12-3

为 45 钢调质处理，大齿轮的材料为 ZG270-500 正火，$P=4\text{kW}$，$n_1=720\text{r/min}$，$m=4\text{mm}$，$z_1=25$，$z_2=75$，$b_1=86\text{mm}$，$b_2=80\text{mm}$，单向转动，载荷有中等冲击，用电动机驱动，试验算此单级传动的强度。

（11）已知单级斜齿圆柱齿轮传动的 $P=22\text{kW}$，$n_1=1450\text{r/min}$，双向转动，电动机驱动，载荷平稳，$z_1=22$，$z_2=109$，$m_n=3\text{mm}$，$\beta=16°15'$，$b_1=86\text{mm}$，$b_2=81\text{mm}$，小齿轮的材料为 40MnB 调质，大齿轮的材料为 35SiMn 调质，试校核此闭式传动的强度。

（12）试设计一单级直齿圆柱齿轮减速器，已知：传递的功率为 4kW，小齿轮转速 $n_1=1450\text{r/min}$，传动比 $i=3.5$，载荷平稳。

（13）今有两对斜齿圆柱齿轮传动，主动轴传递的功率 $P_1=13\text{kW}$，$n_1=200\text{r/min}$，齿轮的法向模数 $m_n=4\text{mm}$，齿数 $z_1=60$ 均相同，仅螺旋角分别为 $9°$ 与 $18°$。试求各对齿轮传动轴向力的大小。

（14）现有两对齿轮传动，A 组齿轮的模数 $m_A=2\text{mm}$，齿数 $z_{A1}=34$、$z_{A2}=102$；B 组齿轮的模数 $m_B=4\text{mm}$，齿数 $z_{B1}=17$、$z_{B2}=51$。两组齿轮选择的材料及热处理对应相等并按无限寿命考虑，齿宽也相等，传递功率及小齿轮转速也相等。试分析哪一对齿轮的弯曲强度低？哪一对齿轮的接触强度低？为什么？

（15）某传动装置中有一对渐开线标准直齿圆柱齿轮（正常齿），大齿轮已损坏，小齿轮的齿数 $z_1=24$，齿顶圆直径 $d_{a1}=78\text{mm}$，中心距 $a=135\text{mm}$，试计算大齿轮的主要几何尺寸及这对齿轮的传动比。

（16）一对标准直齿圆柱齿轮传动，已知：两齿轮齿数分别为 40 和 80，并且测得小齿轮的齿顶圆直径为 420mm，试求两齿轮的主要几何尺寸。

第13章

蜗杆传动

13.1 基本要求

1）理解蜗杆传动的失效形式和设计准则。
2）掌握蜗杆传动的强度计算。
3）了解热平衡计算的目的和计算方法。
4）了解蜗杆、蜗轮常用的材料和结构。

13.2 重点和难点

1）本章重点是蜗杆的受力分析；阿基米德蜗杆的几何参数计算及选择；蜗杆传动的失效形式。
2）本章难点是蜗杆直径系数的概念、蜗杆传动的受力分析。

13.3 习题

1. 单项选择题

（1）在标准蜗杆传动中，蜗杆头数 z_1 一定时，若增大蜗杆直径系数 q，将使传动效率（　）。

　A. 提高　　　　B. 减小　　　　C. 不变　　　　D. 可能增大，也可能减小

（2）起吊重物用的手动蜗杆传动，宜采用（　）的蜗杆。

　A. 单头、小导程角　　　　B. 单头、大导程角
　C. 多头、小导程角　　　　D. 多头、大导程角

（3）蜗杆直径系数 q 的标准化，是为了（　）。

　A. 保证蜗杆有足够的刚度　　　　B. 减少加工时蜗轮滚刀的数目
　C. 提高蜗杆传动的效率　　　　　D. 减小蜗杆的直径

（4）在标准蜗杆传动中，模数不变，若提高蜗杆直径系数，将使蜗杆的刚度（　）。

　A. 降低　　　　B. 提高　　　　C. 不变　　　　D. 可能提高，也可能减小

(5) 对蜗杆传动进行热平衡计算,其主要目的是为了防止温升过高导致( )。
A. 材料的力学性能下降　　　B. 润滑油变质
C. 蜗杆热变形过大　　　　　D. 润滑条件恶化而产生胶合失效

(6) 蜗杆传动的当量摩擦系数 f 随齿面相对滑动速度的增大而( )。
A. 增大　　B. 不变　　C. 减小　　D. 可能增大,也可能减小

(7) 阿基米德圆柱蜗杆与蜗轮传动的( )模数应符合标准值。
A. 法向　　B. 端面　　C. 中间平面

(8) 蜗杆直径系数 $q=$( )。
A. d_1/m　　B. $d_1 m$　　C. a/d_1　　D. a/m

(9) 在蜗杆传动中,当其他条件相同时,减少蜗杆头数 z_1,则( )。
A. 有利于蜗杆加工　　　　　B. 有利于提高蜗杆刚度
C. 有利于实现自锁　　　　　D. 有利于提高传动效率

(10) 在蜗杆传动中,当其他条件相同时,增加蜗杆头数,则传动效率 η ( )。
A. 降低　　B. 提高　　C. 不变　　D. 可能提高,也可能减小

(11) 闭式蜗杆传动的主要失效形式是( )。
A. 蜗杆断裂　　B. 蜗轮轮齿折断　　C. 磨粒磨损　　D. 胶合、疲劳点蚀

(12) 用( )计算蜗杆传动比是错误的。
A. $i=\omega_1/\omega_2$　　B. $i=z_2/z_1$　　C. $i=n_1/n_2$　　D. $i=d_1/d_2$

(13) 在蜗杆传动中,作用在蜗杆上的三个啮合分力,通常以( )为最大。
A. 圆周力 F_{t1}　　B. 径向力 F_{r1}　　C. 轴向力 F_{a1}

(14) 下列蜗杆分度圆直径计算公式:
a) $d_1=mq$　b) $d_1=mz_1$　c) $d_1=d_2/i$　d) $d_1=mz_2/(i\tan\gamma)$　e) $d_1=2a/(i+1)$ 其中有( )是错误的。
A. 1个　　B. 2个　　C. 3个　　D. 4个

(15) 蜗杆传动中较为理想的材料组合是( )。
A. 钢和铸铁　　B. 钢和青铜　　C. 铜和铝合金　　D. 钢和钢

(16) 要使蜗杆与蜗轮正确啮合,模数必须满足( )。
A. $m_{t1}=m_{t2}=m$　　B. $m_{a1}=m_{a2}=m$　　C. $m_{a1}=m_{t2}=m$

(17) 蜗杆传动中,如果蜗杆的螺旋线方向为右旋,则蜗轮的螺旋线方向应为( )。
A. 左旋　　B. 右旋　　C. 左旋右旋都可以

(18) 阿基米德圆柱蜗杆传动在( )内相当于齿条和齿轮啮合传动。
A. 端面　　B. 中间平面　　C. 轴面

(19) 在蜗杆传动中,其他条件相同,若增加蜗杆头数,则滑动速度( )。
A. 增加　　B. 减小　　C. 不变　　D. 可能增加,也可能减小

(20) 蜗杆传动的失效形式与( )因素关系不大。
A. 蜗杆传动副的材料　　　　B. 蜗杆传动的载荷性质
C. 蜗杆传动的滑动速度　　　D. 蜗杆传动的散热条件

2. 判断题（正确的划√，错误的划×）

（　）（1）蜗杆传动的传动比等于蜗轮与蜗杆分度圆直径之比。

（　）（2）由于蜗杆的导程角较大，所以有自锁性能。

（　）（3）蜗杆传动的正确啮合条件之一是：蜗杆的端面模数和蜗轮的端面模数相等。

（　）（4）蜗杆传动的正确啮合条件之一是：蜗杆与蜗轮的螺旋角大小相等、方向相同。

（　）（5）蜗杆传动最主要的失效形式是蜗轮轮齿折断。

（　）（6）为使蜗杆传动中的蜗轮转速降低一半，可以不用另换蜗轮，而只需用一个双头蜗杆代替原来的单头蜗杆。

（　）（7）在蜗杆传动中，如果模数和蜗杆头数一定，增加蜗杆分度圆直径，将使传动效率降低，蜗杆刚度提高。

（　）（8）蜗杆轴向力的方向与螺旋线旋向有关，与转向无关。

（　）（9）自锁蜗杆的传动效率必低于0.5。

（　）（10）所有的蜗杆传动都能自锁。

（　）（11）阿基米德蜗杆传动一般用于高速大功率场合。

（　）（12）蜗杆传动的机械效率主要取决于蜗杆的头数。

（　）（13）蜗杆传动中，中间平面（主平面）内的模数和压力角均为标准值。

（　）（14）在主平面（又称中间平面）上，阿基米德蜗杆与蜗轮的啮合相当于齿条与齿轮的啮合。

（　）（15）蜗杆传动的最大特点是传动比大。

3. 填空题

（1）在蜗杆传动中，已知作用在蜗杆上的轴向力 $F_{a1}=1800\text{N}$，圆周力 $F_{t1}=880\text{N}$，若不考虑摩擦影响，则作用在蜗轮上的轴向力 $F_{a2}=$_____，圆周力 $F_{t2}=$_____。

（2）蜗杆传动的滑动速度越大，所选润滑油的黏度值应越_____。

（3）在蜗杆传动中，产生自锁的条件是_____。

（4）蜗杆传动的油温最高不应超过_____。

（5）其他条件相同时，若增加蜗杆头数，则滑动速度_____。

（6）蜗杆传动中，蜗杆所受的圆周力 F_{t1} 的方向总是_____，而径向力 F_{r1} 的方向总是_____。

（7）闭式蜗杆传动的功率损耗，一般包括：_____、_____和_____三部分。

（8）在标准蜗杆传动中，当蜗杆为主动时，若蜗杆头数 z_1 和模数 m 一定，而增大直径系数 q，则蜗杆刚度_____；若增大导程角 γ，则传动效率_____。

（9）蜗杆分度圆直径 $d_1=$_____；蜗轮分度圆直径 $d_2=$_____。

（10）为了提高蜗杆的传动效率，应选用_____头蜗杆；为了满足自锁要求，应选 $z_1=$_____。

（11）蜗杆传动的主要失效形式是_____、_____和磨损。

(12) 阿基米德蜗杆传动的正确啮合条件是：蜗杆的轴向模数应等于蜗轮的_____，蜗杆_____应等于蜗轮的端面压力角，蜗杆分度圆导程角应等于蜗轮分度圆_____角，且二者旋向_____。

(13) 阿基米德圆柱蜗杆传动的中间平面是指_____的平面。

4. 简答题

(1) 蜗杆传动有何特点，适用于什么场合？

(2) 分析影响蜗杆传动啮合效率的几何因素。

(3) 蜗杆传动中，轮齿承载能力的计算主要是针对什么来进行的？

(4) 如何确定闭式蜗杆传动的给油方法和润滑油黏度？

(5) 蜗杆传动时，若油温过高，常用散热措施有哪些？

(6) 闭式蜗杆传动的设计准则是什么？

(7) 蜗杆、蜗轮常用的材料有哪些，选择材料的主要依据是什么？

(8) 蜗杆传动的啮合效率与哪些因素有关？对于动力用蜗杆传动，为提高其效率常采用什么措施？

(9) 为什么蜗杆传动常采用青铜蜗轮而不采用钢制蜗轮？为什么青铜蜗轮常采用组合结构？

(10) 蜗杆传动中，蜗杆为什么通常与轴制成一体？

5. 分析计算题（或实作题）

(1) 一单级普通圆柱蜗杆减速器，传递功率 $P = 7.5 \text{kW}$，传动效率 $\eta = 0.82$，散热面积 $A = 1.2 \text{m}^2$，表面传热系数 $\alpha_s = 8.15 \text{W}/(\text{m}^2 \cdot ℃)$，环境温度 $t_0 = 20℃$。试问该减速器能否连续工作。

(2) 图 13-1 所示为一标准蜗杆传动，蜗杆主动，转矩 $T_1 = 25000 \text{N} \cdot \text{mm}$，模数 $m = 4\text{mm}$，压力角 $\alpha = 20°$，头数 $z_1 = 2$，直径系数 $q = 10$，蜗轮齿数 $z_2 = 54$，传动的啮合效率 $\eta = 0.75$。试确定：

1) 蜗轮的转向。

2) 作用在蜗杆、蜗轮上的各力的大小及方向。

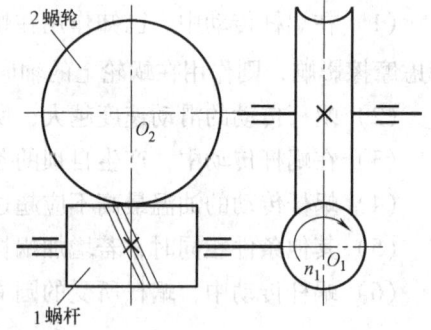

图 13-1

(3) 图 13-2 所示为由电动机驱动的普通蜗杆传动。已知：模数 $m = 8\text{mm}$，$d_1 = 80\text{mm}$，$z_1 = 1$，$z_2 = 40$，蜗轮输出转矩 $T_2' = 1.61 \times 10^6 \text{N} \cdot \text{mm}$，$n_1 = 960\text{r}/\text{min}$，蜗杆材料为 45 钢，表面淬火 50HRC，蜗轮材料为 ZCuSn10P1，金属模铸造，传动润滑良好，每日双班制工作，一对轴承的效率 $\eta_3 = 0.99$，搅油损耗的效率 $\eta_2 = 0.99$。试求：

1) 在图上标出蜗杆的转向、蜗轮轮齿的旋向及作用于蜗杆、蜗轮上诸力的方向。

2) 计算诸力的大小。

3) 计算该传动的啮合效率及总效率。

4) 该传动装置 5 年功率损耗的费用（工业用电暂按每度 0.5 元计算）。

（提示：当量摩擦角 $f_v = 1°30'$）

(4) 图 13-3 所示为某手动简单起重设备,按图示方向转动蜗杆,提升重物 G。试求:

1) 蜗杆与蜗轮螺旋线方向。

2) 在图上标出啮合点所受诸力的方向。

3) 若蜗杆自锁,反转手柄使重物下降,求蜗轮上作用力方向的变化。

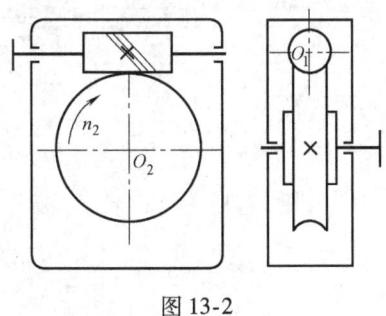

图 13-2

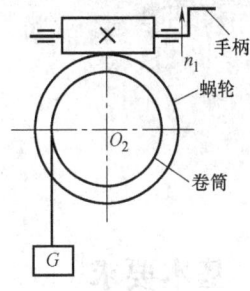

图 13-3

(5) 有一标准圆柱蜗杆传动,已知:模数 $m = 8\text{mm}$,传动比为 20,蜗杆分度圆直径为 80mm,蜗杆头数为 2。试计算该蜗杆传动的主要几何尺寸(d_{a1}、d_{f1}、d_2、d_{a2}、d_{f2} 和 a)。

(6) 已知一蜗杆减速器中,蜗杆的参数为 $z_1 = 2$,右旋,$d_{a1} = 48\text{mm}$,$p_{a1} = 12.56\text{mm}$,中心距 $a = 100\text{mm}$,试计算蜗轮的几何尺寸(d_2、z_2、d_{a2}、d_{f2} 和 β)。

(7) 已知一蜗杆斜齿圆柱齿轮传动,蜗杆由电动机驱动,转动方向如图 13-4 所示,蜗轮轮齿的螺旋线方向为右旋。试选择斜齿轮的螺旋方向,使两轴所受轴向力为最小。

(8) 在图 13-5 所示传动系统中,1 为蜗杆,2 为蜗轮,3 和 4 为斜齿圆柱齿轮,5 和 6 为直齿锥齿轮。若蜗杆主动,要求输出齿轮 6 的回转方向如图所示。试确定:

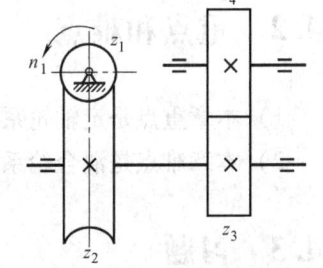

图 13-4

1) 若要使轴Ⅱ、Ⅲ上所受轴向力互相抵消一部分,蜗杆、蜗轮及斜齿轮 3 和 4 的螺旋线方向,轴Ⅰ、Ⅱ、Ⅲ的回转方向(在图中标示);

2) 轴Ⅱ、Ⅲ上各轮啮合点处受力方向(F_t、F_r、F_a 在图中画出)。

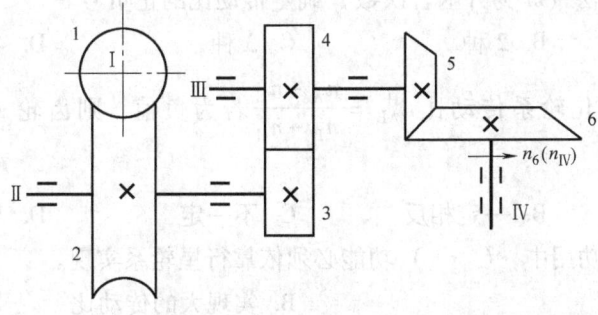

图 13-5

(9) 试设计一电动机驱动的单级闭式蜗杆减速器。已知:电动机功率 $P = 6\text{kW}$,转速 $n_1 = 1440\text{r/min}$,传动比 $i = 24$,载荷平稳,单向运转,预期寿命 $L_h = 15000\text{h}$。

第14章

轮系

14.1 基本要求

1) 理解轮系的概念及分类。
2) 掌握定轴轮系的有关计算,掌握周转轮系的有关计算,理解混合轮系传动比的计算及轮系的功用。

14.2 重点和难点

1) 本章重点是定轴轮系和行星轮系传动比的计算。
2) 本章难点是混合轮系传动比的计算。

14.3 习题

1. 单项选择题

(1) 定轴轮系有下列情况:1) 所有齿轮轴线都不平行;2) 所有齿轮轴线平行;3) 首末两轮轴线平行;4) 所有齿轮之间都是外啮合;5) 所有齿轮都是圆柱齿轮。其中有(　　)适用$(-1)^m$法(m为外啮合次数)确定传动比的正负号。

A. 1 种　　　　B. 2 种　　　　C. 3 种　　　　D. 4 种

(2) 行星轮系转化轮系传动比 $i_{AB}^H = \dfrac{n_A - n_H}{n_B - n_H}$ 若为负值,则齿轮 A 与齿轮 B 的转向(　　)。

A. 一定相同　　B. 一定相反　　C. 不一定　　D. 与传动比正负无关

(3) 轮系的下列功用中,(　　)功能必须依靠行星轮系实现。

A. 实现变速传动　　　　　　　　B. 实现大的传动比
C. 实现分路传动　　　　　　　　D. 实现运动的合成和分解

(4) 某人总结惰轮在轮系中的作用如下:1) 改变从动轮转向;2) 改变从动轮转速;3) 调节轮轴间距;4) 提高齿轮强度。其中有(　　)是正确的。

A. 1 条　　　　　B. 2 条　　　　　C. 3 条　　　　　D. 4 条

（5）定轴轮系有下列情况：1）所有齿轮轴线平行；2）首、末两轮轴线平行；3）首、末两轮轴线不平行；4）所有齿轮轴线都不平行。其中有（　　）情况的传动比冠以正负号。

A. 1 种　　　　　B. 2 种　　　　　C. 3 种　　　　　D. 4 种

（6）转化机构法中，公式 $i_{AB}^{H}=\dfrac{\omega_A^H}{\omega_B^H}=\dfrac{\omega_A-\omega_H}{\omega_B-\omega_H}=(-1)^m\dfrac{\text{齿轮 A、B 间所有从动轮齿数积}}{\text{齿轮 A、B 间所有主动轮齿数积}}$ 用于（　　）场合。

A. 任意

B. A 轮、B 轮及 H 构件中有两个构件的几何轴线平行或重合

C. A 轮与 B 轮的几何轴线相互平行或重合

D. A 轮、B 轮及 H 构件的几何轴线相互平行或重合

（7）图 14-1 所示轮系，给定齿轮 1 的转动方向如图所示，则齿轮 3 的转动方向（　　）。

A. 与 ω_1 相同　　　B. 与 ω_1 相反；　　　C. 只根据题目给定的条件无法确定

（8）下面给出图 14-2 所示轮系的三个传动比计算式，（　　）是正确的。

A. $i_{12}^H=(\omega_1-\omega_H)/(\omega_2-\omega_H)$　　　　B. $i_{13}^H=(\omega_1-\omega_H)/(\omega_3-\omega_H)$

C. $i_{23}^H=(\omega_2-\omega_H)/(\omega_3-\omega_H)$

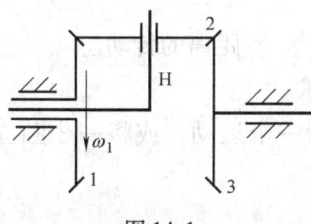

图 14-1

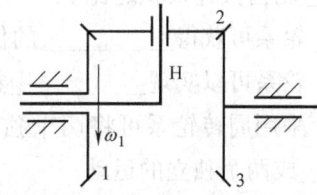

图 14-2

2. 判断题（正确的划√，错误的划×）

（　　）1. 轮系传动比的计算，不但要确定其数值，还要确定输入、输出轴之间的运动关系，表示出它们的转向关系。

（　　）2. 对空间定轴轮系，其始末两齿轮转向关系可用传动比计算方式中的 $(-1)^m$ 的符号来判定。

（　　）3. 计算行星轮系的传动比时，把行星轮系转化为一假想的定轴轮系，即可用定轴轮系的方法解决行星轮系的问题。

（　　）4. 定轴轮系和行星轮系的主要区别在于系杆是否转动。

（　　）5. 旋转齿轮的几何轴线位置均不能固定的轮系，称为周转轮系。

（　　）6. 至少有一个齿轮和它的几何轴线绕另一个齿轮旋转的轮系，称为定轴轮系。

（　　）7. 定轴轮系首末两轮转速之比，等于组成该轮系的所有从动齿轮齿数连乘积与所有主动齿轮齿数连乘积之比。

（　　）8. 在周转轮系中，凡具有旋转几何轴线的齿轮，称为中心轮。

（　）9. 在周转轮系中，凡具有固定几何轴线的齿轮，称为行星轮。
（　）10. 定轴轮系可以把旋转运动转变成直线运动。
（　）11. 所谓惰轮就是在轮系中不起作用的齿轮。
（　）12. 定轴轮系就是所有齿轮的轴都固定的轮系。
（　）13. 将行星轮系转化为定轴轮系后，其各构件间的相对运动关系发生了变化。
（　）14. 使用行星轮系可获得大传动比。

3. 填空题

（1）轮系可以分为＿＿＿＿和＿＿＿＿。

（2）定轴轮系是指：＿＿＿＿＿＿＿＿＿＿＿＿＿。

（3）行星轮系由＿＿＿＿、＿＿＿＿和＿＿＿＿三种基本构件组成。

（4）在定轴轮系中，每一个齿轮的回转轴线都是＿＿＿＿的。

（5）如果在齿轮传动中，其中有一个齿轮和它的＿＿＿＿绕另一个＿＿＿＿旋转，则这轮系就称为周转轮系。

（6）周转轮系可获得＿＿＿＿的传动比和＿＿＿＿的功率传递。

（7）轮系中＿＿＿＿两轮＿＿＿＿之比，称为轮系的传动比。

（8）加惰轮的轮系只能改变＿＿＿＿的旋转方向，不能改变轮系的＿＿＿＿。

（9）定轴轮系的传动比，等于组成该轮系的所有＿＿＿＿轮齿数连乘积与所有＿＿＿＿轮齿数连乘积之比。

（10）轮系可获得＿＿＿＿的传动比，并可作＿＿＿＿距离的传动。

（11）轮系可以实现＿＿＿＿要求和＿＿＿＿要求。

（12）采用周转轮系可将两个独立运动＿＿＿＿为一个运动，或将一个独立的运动＿＿＿＿成两个独立的运动。

（13）差动轮系的主要结构特点是有两个＿＿＿＿。

（14）周转轮系结构尺寸＿＿＿＿，重量较＿＿＿＿。

4. 简答题

（1）计算混合轮系传动比的基本思路是什么？能否通过给整个轮系加上一个公共的角速度 $-\omega$ 的方法来计算整个轮系的传动比？

（2）什么是惰轮？它在轮系中起什么作用？

（3）周转轮系中各轮齿数的确定需要满足哪些条件？

（4）在定轴轮系中，如何来确定首、末轮之间的转向关系？

（5）什么是周转轮系的"转化机构"？它在计算周转轮系传动比中起什么作用？

5. 分析计算题（或实作题）

（1）在图 14-3 所示的轮系中，已知：$z_1 = 18$、$z_2 = 20$、$z_{2'} = 25$、$z_3 = 25$、$z_{3'} = 2$（右），当 a 轴旋转 100 圈时，b 轴转 4.5 圈，试求 z_4。

（2）在图 14-4 所示的轮系中，$z_1 = 15$，$z_2 = 25$，$z_3 = 20$，$z_4 = 60$，$n_1 = 200$r/min（顺时针），$n_4 = 50$r/min（顺时针），试求 H 的转速。

（3）在图 14-5 所示的传动装置中，已知：各轮齿数 $z_1 = 20$，$z_2 = 40$，$z_3 = 20$，$z_4 = 30$，

$z_5 = 80$,运动从轴 I 输入,轴 II 输出,$n_I = 1000 \text{r/min}$,转动方向如图所示。试求输出轴 II 的转速 n_{II} 及转动方向。

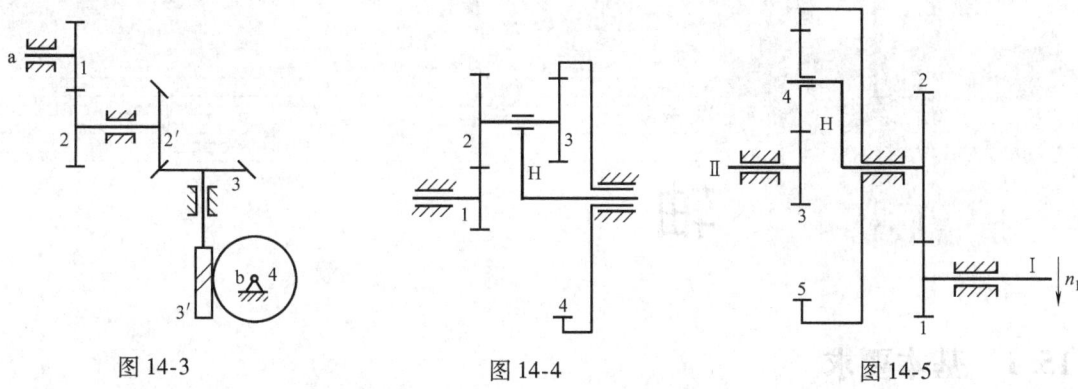

图 14-3　　　　　图 14-4　　　　　图 14-5

(4) 图 14-6 所示为锥齿轮组成的周转轮系。已知:$z_1 = z_2 = 17$,$z_{2'} = 30$,$z_3 = 45$,若 1 轮转速 $n_1 = 200 \text{r/min}$,试求系杆转速 n_H。

(5) 在图 14-7 所示的自动化照明灯具的传动装置中,已知:输入轴的转速 $n_1 = 19.5 \text{r/min}$,各齿轮的齿数为 $z_1 = 60$,$z_2 = z_3 = 30$,$z_4 = z_5 = 40$,$z_6 = 120$,试求箱体 B 的转速 n_B。

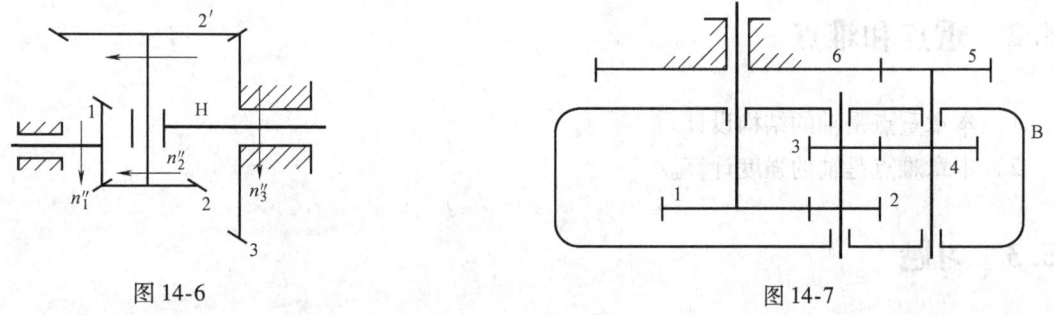

图 14-6　　　　　　　　　图 14-7

(6) 在图 14-8 所示的轮系中,已知:各轮的齿数 $z_1 = 20$,$z_2 = 40$,$z_{2'} = 50$,$z_3 = 30$,$z_{3'} = 20$,$z_4 = 30$,当齿轮 1 的转速 $n_1 = 2400 \text{r/min}$ 时,试求行星架 H 的转速 n_H。

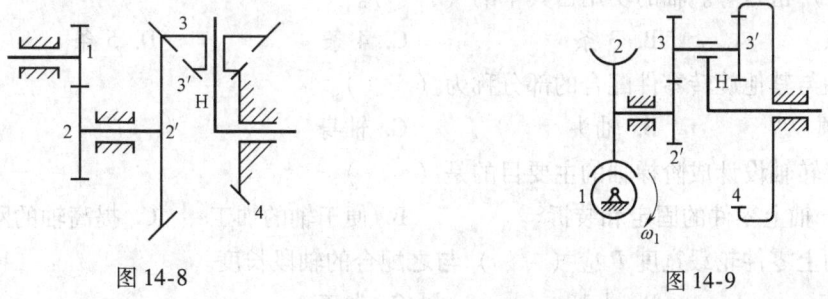

图 14-8　　　　　　图 14-9

(7) 在图 14-9 所示的轮系中,已知:各轮的齿数 $z_2 = 37$,$z_{2'} = 15$,$z_3 = 25$,$z_{3'} = 20$,$z_4 = 60$,单头右旋蜗杆 1 的转速 $n_1 = 1450 \text{r/min}$,方向如图所示。试求构件 H 的转速 n_H 的大小和方向。

第15章 轴

15.1 基本要求

1) 掌握轴的功用及分类。
2) 了解轴的常用材料及热处理。
3) 掌握轴的结构设计和强度设计方法。

15.2 重点和难点

1) 本章重点是轴的结构设计。
2) 本章难点是轴的强度计算。

15.3 习题

1. 单项选择题

（1）零件的功用有：1）联接；2）传递运动；3）控制运动；4）传递动力；5）支承；6）缓冲；7）密封等。轴的功用占其中的（　　）。

A. 2 条　　　　B. 3 条　　　　C. 4 条　　　　D. 5 条

（2）轴与其他旋转零件配合的部分称为（　　）。

A. 轴颈　　　　B. 轴头　　　　C. 轴身

（3）将转轴设计成阶梯轴的主要目的是（　　）。

A. 便于轴上零件的固定和装拆　　　B. 便于轴的加工　　　C. 提高轴的刚度

（4）轴上零件轮毂宽度 B 应（　　）与之配合的轴段长度。

A. 等于　　　　B. 小于　　　　C. 大于

（5）直轴常用（　　）轴。

A. 光　　　　B. 阶梯　　　　C. 心　　　　D. 转轴

（6）轴常用 45 钢制造并经（　　）处理，以提高耐磨性和抗疲劳强度。

A. 正火或调质　　　B. 淬火　　　C. 回火

(7) 与滚动轴承配合的轴段直径，必须符合滚动轴承的（　　）标准系列。
A. 内径　　　　B. 外径　　　　C. 宽度
(8) 下列（　　）是转轴。
A. 承受弯曲的轴　　　　　　B. 承受扭转的轴
C. 同时承受弯曲和扭转的轴　　D. 同时承受弯曲和剪切的轴
(9) 下列各轴中，（　　）是心轴。
A. 自行车前轮轴　　　　　　B. 自行车的中轴（链轮轴）
C. 减速器中的齿轮轴　　　　D. 车床的主轴
(10) 下列各轴中，（　　）是传动轴。
A. 带轮轴　　　　　　　　　B. 蜗杆轴
C. 链轮轴　　　　　　　　　D. 汽车下部变速器与后桥间的轴
(11) 尺寸较大的轴及重要的轴，应采用（　　）毛坯。
A. 锻制毛坯　　B. 轧制圆钢　　C. 铸造件　　D. 焊接件
(12) 自行车后轮的轴是（　　）。
A. 心轴　　　　B. 转轴　　　　C. 传动轴
(13) 自行车中链轮的轴是（　　）。
A. 心轴　　　　B. 转轴　　　　C. 传动轴
(14) 汽车下部，由发动机、变速器、通过万向联轴器带动后轮差速器的轴，是（　　）。
A. 心轴　　　　B. 转轴　　　　C. 传动轴

2. 判断题（正确的划√，错误的划×）
（　）(1) 初估轴的直径是轴的最大直径。
（　）(2) 用轴肩、套筒、挡圈等结构可对轴上零件作周向固定。
（　）(3) 为降低应力集中，轴上应制出退刀槽和越程槽等工艺结构。
（　）(4) 轴头一定在轴的端部。
（　）(5) 光轴和阶梯轴都属于直轴。
（　）(6) 轴的材料常采用碳素结构钢，重要场合采用合金结构钢。
（　）(7) 轴上各部位开设倒角，是为了减少应力集中。
（　）(8) 按轴的外形结构不同，轴可分为直轴和曲轴。
（　）(9) 根据直轴的形状不同，可分为心轴、转轴和传动轴。
（　）(10) 心轴在工作中只承受扭转作用。

3. 填空题
(1) 轴根据其受载情况可分为：_____、_____和_____。
(2) 轴根据轴线形状可分为：_____、_____和_____。
(3) 在轴上切制螺纹，轴应制出_____槽。
(4) 制造轴的材料，应用广泛的是_____钢。
(5) 为便于轴上零件固定可靠和装拆方便，并使各轴段接近等强度，常采用

_____结构。

(6) 既支承零件又传递动力的轴称为_____。

(7) 轴端挡圈只适用于安装在_____部位上零件的固定。

(8) 为便于零件装拆，阶梯轴各轴段直径应两头小中间大，轴端应制出_____。

(9) 轴肩对轴上零件能起_____固定作用。

(10) 轴上支承_____零件的部位称为轴头。

(11) 磨削阶梯轴表面，轴肩等处应留有砂轮_____槽。

(12) 当两个轴上零件间距较小时，可采用_____作轴向固定。

4. 简答题

(1) 轴按承载情况分有哪些类型？各有何特点？试举例说明。

(2) 自行车的前轴、后轴和中轴受弯矩还是既受弯矩又受转矩？分别是心轴还是转轴？

(3) 轴常用的材料有哪些？合金钢与碳素钢相比有何特点？

(4) 轴的结构与哪些因素有关？轴的结构设计应满足哪些基本要求？

(5) 为什么转轴常设计成阶梯形结构？

(6) 怎样确定轴的最小直径？

5. 分析计算题（或实作题）

(1) 试分析图 15-1 中的结构错误，分别说明理由并画出正确的结构图。

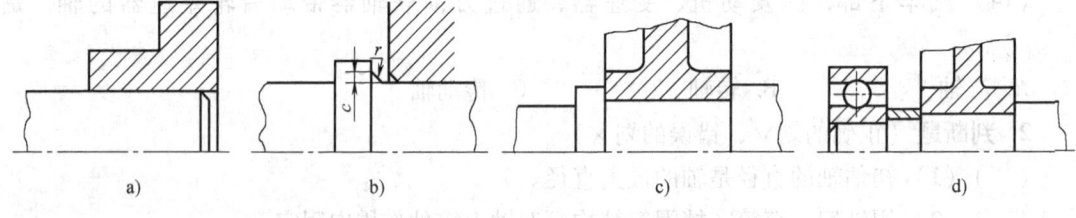

图 15-1

(2) 图 15-2 所示的转轴，直径 $d=60\text{mm}$，传递不变的转矩 $T=2300\text{N}\cdot\text{m}$，$F=9000\text{N}$，$a=300\text{mm}$。若轴的许用弯曲应力 $[\sigma_b]=80\text{MPa}$，试求 x。

(3) 试设计直齿圆柱齿轮减速器。如图 15-3 所示的低速轴，已知：轴的转速 $n=150\text{r/min}$，传递功率 $P=5\text{kW}$，齿轮的模数 $m=4\text{mm}$，齿数 $z=60$，支承间跨距 $l=180\text{mm}$（齿轮位于跨距中央）。

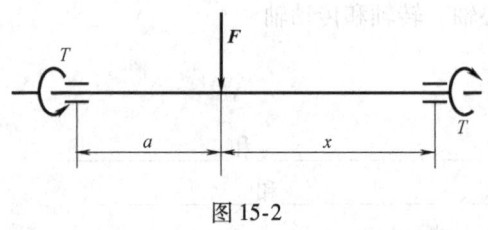

图 15-2

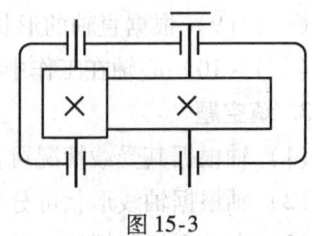

图 15-3

(4) 已知一传动轴的传递功率为 38kW，转速 $n=960\text{r/min}$，如果轴上的切应力不许超过 40MPa，试求该轴的直径。

（5）已知一转轴在直径 $d=55$mm 处，受不变的转矩 $T=1540$N·m 和弯矩 $M=710$N·m 作用，轴的材料为 45 钢，经调质处理。试问该轴能否满足强度要求。

（6）图 15-4 所示的卷扬机由电动机驱动，传动系统由万向联轴器及定轴轮系组成，卷筒与齿轮采用螺栓联接。试分析轴Ⅰ、Ⅱ、Ⅲ、Ⅳ各属于什么类型的轴（各轴自重不计）。

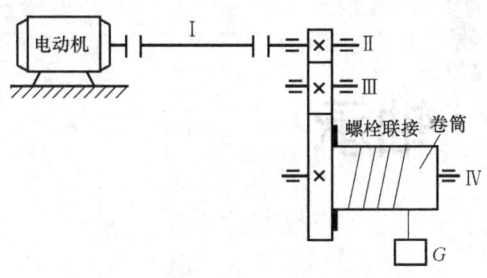

图 15-4

（7）指出图 15-5 中轴系的结构错误。

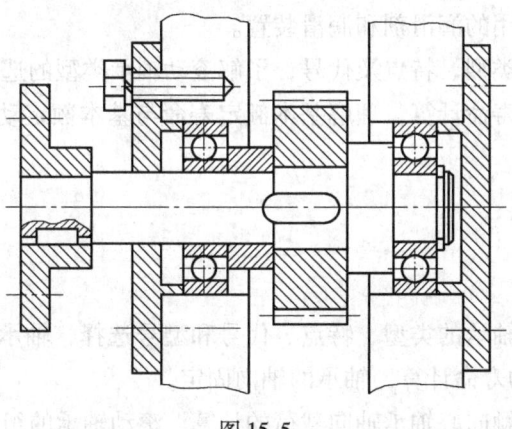

图 15-5

轴承

16.1 基本要求

1) 了解滑动轴承的结构形式,掌握轴瓦及轴承衬材料。
2) 了解滑动轴承常用的润滑剂和润滑装置。
3) 掌握滚动轴承的类型、特点及代号,了解滚动轴承类型的选择。
4) 掌握滚动轴承的寿命计算,理解基本额定寿命与基本额定动载荷,能够正确地进行轴承的组合设计。

16.2 重点和难点

1) 本章重点是滚动轴承的类型、特点、代号和型号选择,轴承的基本额定寿命与基本额定动载荷,滚动轴承的寿命计算,轴承的轴向固定。
2) 本章难点是角接触向心轴承轴向载荷的计算、滚动轴承的组合设计。

16.3 习题

1. 单项选择题

(1) 非液体摩擦滑动轴承适用于(　　)的工作场合。
A. 工作性能要求不高,转速较低　　　B. 工作性能要求高,载荷变动大
C. 高速、重载　　　　　　　　　　　D. 对旋转精度要求高的重要传动

(2) 剖分式滑动轴承的性能特点是(　　)。
A. 能自动调正　　　　　　　　　　　B. 装拆方便,轴瓦磨损后间隙可调整
C. 结构简单,制造方便,价格低廉　　D. 装拆不方便,装拆时必须作轴向移动

(3) 如果轴和支架的刚性较差,要求轴承能自动适应其变形,应选用(　　)。
A. 整体式滑动轴承　　　　　　　　　B. 剖分式滑动轴承
C. 调心式滑动轴承　　　　　　　　　D. 推力滑动轴承

(4) 为了把润滑油导入整个摩擦面,应该在轴瓦的(　　)开设油槽。

A. 承载区 B. 非承载区
C. 轴颈与轴瓦的最小间隙处 D. 端部

(5) 黏度大的润滑油适用于（　　）的工作情况。
A. 低速重载 B. 高速轻载
C. 工作温度低 D. 工作性能及安装精度要求高

(6) 钠基润滑脂的特点是（　　）。
A. 耐水性较好，但不耐热 B. 耐热性好，但不耐水
C. 既耐水又耐热 D. 流动性好，内摩擦系数小

(7) 间歇供油用于（　　）的工作情况。
A. 轻载低速 B. 重载高速
C. 工作环境恶劣且转速高 D. 加油困难或要求清洁的场合

(8) 滚动轴承的额定寿命是指一批同规格的轴承在规定的试验条件下运转，其中（　　）轴承发生破坏时所达到的寿命。
A. 5% B. 10% C. 1%

(9) 在基本额定动载荷 C 的作用下，滚动轴承的基本额定寿命为百万转时，其可靠度为（　　）。
A. 10% B. 80% C. 90% D. 99%

(10)（　　）轴颈的推力滑动轴承能承受较大的双向轴向载荷。
A. 实心端面 B. 空心端面 C. 单环 D. 多环

(11) 在下列四种型号的滚动轴承中，只能承受径向载荷的是（　　）。
A. 6208 B. N208 C. 30208 D. 51208

(12)（　　）的内、外圈可分离。
A. 深沟球轴承 B. 角接触球轴承 C. 圆锥滚子轴承 D. 调心球轴承

(13) 从经济性考虑，在同时满足使用要求时，应优先选用（　　）。
A. 深沟球轴承 B. 圆柱滚子轴承 C. 圆锥滚子轴承

(14) 径向滑动轴承的主要结构形式有三种，其中以（　　）滑动轴承应用最广。
A. 整体 B. 对开 C. 调心

(15) 承受径向载荷的圆柱滚子轴承，其当量动载荷按（　　）公式计算。
A. $P = F_r$ B. $P = YF_a$ C. $P = XF_r$ D. $P = XF_r + YF_a$

(16) 只承受径向载荷不承受轴向载荷的滚动轴承是（　　）。
A. 推力球轴承 B. 角接触球轴承 C. 圆柱滚子轴承 D. 深沟球轴承

(17) 只能承受轴向载荷而不能承受径向载荷的滚动轴承是（　　）。
A. 圆锥滚子轴承 B. 深沟球轴承 C. 推力球轴承 D. 角接触球轴承

(18) 一般滚动轴承的内圈与轴颈应采用（　　）配合。
A. 较紧 B. 较松

(19) 滚动轴承的外圈与机座的配合采用（　　）。
A. 基轴制 B. 基孔制

2. 判断题（正确的划√，错误的划×）

（　）（1）滚动轴承的代号能够准确地表示具体的滚动轴承。
（　）（2）滚动轴承内圈的作用和滑动轴承的轴瓦是一样的。
（　）（3）为减少润滑油的端部泄漏，瓦面油槽不应开通。
（　）（4）滚动轴承的内圈与轴颈、外圈与座孔之间均采用基孔制配合。
（　）（5）滚动轴承和滑动轴承相比，前者更适于重载荷的场合。
（　）（6）径向滑动轴承是不能承受轴向力的。
（　）（7）滚动轴承用于转速较低的轴上。
（　）（8）剖分式滑动轴承的轴瓦磨损后可调整间隙。
（　）（9）润滑油黏度随温度的升高而降低。
（　）（10）滑动轴承必须润滑，滚动轴承摩擦阻力小不须润滑。
（　）（11）滚动轴承在安装时，外圈作较松的周向固定，内圈作较紧的周向固定。
（　）（12）一般轴承端盖与箱体轴承座孔壁间装有垫片，其作用是防止轴承端盖处漏油。
（　）（13）向心滚动轴承只能承受径向载荷。

3. 填空题

（1）滚动轴承常用的润滑剂有：润滑油、润滑脂和_____润滑剂。
（2）轴瓦都是用_____材料制成的。
（3）在有冲击、振动和载荷大时，应考虑选用_____轴承。
（4）内、外圈滚道与滚动体之间的间隙称为_____。
（5）滚动轴承是_____件。
（6）轴承衬是指_____在轴瓦内表面的一层耐磨材料。
（7）主要承受径向载荷的滚动轴承称为_____轴承。
（8）滚动轴承的失效形式有疲劳点蚀、塑性变形和_____。
（9）滚动轴承按_____的形状不同，分为球轴承和滚子轴承两类。
（10）轴瓦的油槽开在_____载荷的部位且不开通。
（11）滚动轴承代号最后两位数字表示轴承的_____。
（12）滚动轴承的安装方法有冷压法和_____法两种。
（13）滚动轴承组轴向固定的方式有两端固定式、一端固定一端游动式和_____式。
（14）通常滚动轴承的内圈随轴颈旋转，而_____固定在机体上。
（15）滚动轴承由外圈、内圈、滚动体和_____组成。
（16）只能承受轴向载荷的滚动轴承称为_____轴承。

4. 简答题

（1）简述设计滑动轴承油孔、油沟时应注意的主要问题。
（2）对轴瓦材料有哪些主要要求？
（3）根据以下轴承代号写出轴承的类型、内径尺寸和公差等级：6216，30202，

7207C/P4。

(4) 滚动轴承有哪些失效形式？

(5) 什么是滚动轴承的基本额定寿命和基本额定动载荷？

(6) 滚动轴承的固定常用的有哪两种形式？分别适用于什么场合？

(7) 典型的滚动轴承由哪些基本元件组成？其中必不可少的元件是什么？

(8) 简述角接触球轴承和圆锥滚子轴承为何要成对使用。

5. 分析计算题（或实作题）

(1) 某深沟球轴承需在径向载荷 $F_r = 7150\text{N}$ 作用下，以转速 $n = 1800\text{r/min}$ 工作 3800h。试求此轴承应具有的径向基本额定动载荷 C 值（载荷平稳，常温下工作）。

(2) 一齿轮轴采用一对 30206 圆锥滚子轴承支承，如图 16-1 所示。已求得：轴承 1 所受径向力 $F_{r1} = 584\text{N}$，轴承 2 所受径向力 $F_{r2} = 1775\text{N}$，轴向外载荷 $F_A = 146\text{N}$，载荷系数 $f_p = 1.5$，工作温度低于 100℃，轴的转速 $n = 640\text{r/min}$。试计算该对轴承的寿命（注：$C_r = 41200\text{N}$，$e = 0.37$，$S = \dfrac{F_r}{3.2}$，$\dfrac{F_a}{F_r} > e$ 时，$X = 0.4$，$Y = 1.6$；$\dfrac{F_a}{F_r} \leqslant e$ 时，$X = 1$，$Y = 0$）。

(3) 有一传动装置中的锥齿轮轴，选用圆锥滚子轴承 30212 支承，布置如图 16-2 所示。轴承所受的径向载荷 $F_{r1} = 3600\text{N}$，$F_{r2} = 8400\text{N}$，载荷系数 $f_p = 1$，常温下工作。如果轴承 1 的当量动载荷恰好为轴承基本额定动载荷的 1/5，试求：1) 滚动轴承所承受的轴向载荷 F_{a1}，F_{a2}；2) 作用在轴上的外加轴向力 F_A（注：$C_r = 102000\text{N}$，$e = 0.4$，$S = \dfrac{F_r}{3}$，$\dfrac{F_a}{F_r} > e$ 时，$X = 04$，$Y = 1.5$；$\dfrac{F_a}{F_r} \leqslant e$ 时，$X = 1$，$Y = 0$）。

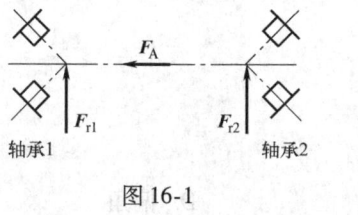

图 16-1

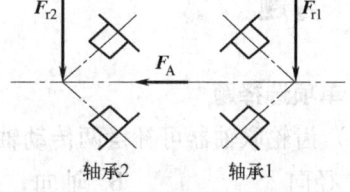

图 16-2

(4) 7206C 滚动轴承组合结构形式如图 16-3 所示，已知：$F_A = 600\text{N}$ $F_{r1} = 1970\text{N}$ $F_{r2} = 1030\text{N}$，$f_p = 1.1$，$n = 1000\text{r/min}$。试分析轴承Ⅰ、Ⅱ所受的轴向力 F_a 及当量动载荷 P，并说明哪个轴承是危险轴承。

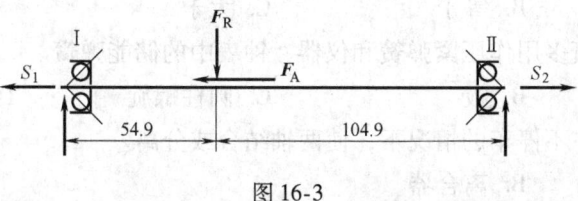

图 16-3

第17章

其他常用零部件

17.1 基本要求

1) 了解常用联轴器和离合器的功用和主要类型。
2) 掌握常用联轴器和离合器的结构、特点和选择。
3) 了解弹簧的种类和功用,理解圆柱螺旋压缩弹簧的结构。

17.2 重点和难点

1) 本章重点是联轴器和离合器的功用、类型和选择。
2) 本章难点是联轴器和离合器的功用、类型和选择。

17.3 习题

1. 单项选择题

(1) 齿轮联轴器可补偿两传动轴间的(　　)位移。
A. 径向　　　　B. 轴向　　　　C. 综合　　　　D. 偏角

(2) 牙嵌离合器只能在(　　)时结合。
A. 高速转动
C. 两轴转速差很小或停车
B. 单向转动
D. 正反转工作

(3) 圆盘式摩擦离合器传动能力(　　)多片式摩擦离合器。
A. 小于　　　　B. 等于　　　　C. 大于

(4) (　　)弹簧多用作压紧弹簧和仪器、钟表中的储能弹簧。
A. 盘　　　　　B. 板　　　　　C. 圆柱螺旋　　D. 蝶形

(5) (　　)能在不停车的情况下,使两轴结合或分离。
A. 联轴器　　　B. 离合器

(6) 超越离合器的特点是能根据两轴(　　)的相对关系自动结合和分离。
A. 角速度　　　B. 所受载荷　　C. 传递转矩

(7) 自行车飞轮的内部结构为（　　），因而可蹬车滑行乃至回链。
A. 制动器　　　　B. 链传动　　　　C. 超越离合器　　　　D. 牙嵌离合器
(8) 安全离合器过载时，利用（　　）起安全保护作用。
A. 打滑或轴向分力与弹簧力平衡　　　　B. 联接件自行剪断
(9) 使用（　　）能将机器上的两轴可靠地固联传动。
A. 联轴器　　　　B. 离合器
(10) 当在高速转动时，既能补偿两轴间的偏移，又不会产生附加载荷的联轴器是（　　）联轴器。
A. 凸缘　　　　B. 齿轮　　　　C. 十字滑块
(11) （　　）离合器可在任意转速下平稳、方便地结合与分离两轴运动。
A. 牙嵌　　　　B. 摩擦式　　　　C. 超越式　　　　D. 安全式
(12) 簧丝直径 d（　　）mm 时，可采用冷卷法绕制弹簧。
A. <8～10　　　　B. >8～10
(13) （　　）联轴器利用元件间的相对运动，补偿两轴间的位移。
A. 凸缘　　　　B. 十字滑块　　　　C. 弹性柱销　　　　D. 万向
(14) 下列材料中，（　　）可用于制造弹簧。
A. 65Mn　　　　B. 45 钢　　　　C. 铸铁　　　　D. 铝线
(15) 两轴呈较大的倾角传动，宜采用（　　）联轴器联接。
A. 套筒　　　　B. 万向　　　　C. 齿轮　　　　D. 十字滑块

2. **判断题**（正确的划√，错误的划×）
（　）(1) 万向联轴器的主动轴瞬时角速度变化大。
（　）(2) 要求两轴在任何情况下都能结合与分离，应选用牙嵌离合器。
（　）(3) 两根被联接轴的对中性的好坏，对联轴器的工作很有影响。
（　）(4) 齿轮联轴器及凸缘联轴器属于无弹性元件联轴器。
（　）(5) 万向联轴器常成对使用，以保证等速传动。
（　）(6) 十字滑块联轴器对轴与轴承产生附加载荷。
（　）(7) 弹性柱销联轴器允许两轴有较大的角度位移。
（　）(8) 凸轮联轴器适用于径向安装尺寸受限并要求严格对中的场合。
（　）(9) 离合器可以代替联轴器的作用。
（　）(10) 热卷后的弹簧必须进行淬火和回火处理。
（　）(11) 离合器都具有安全保护作用。
（　）(12) 多片式摩擦离合器片数越多，传递的转矩越大。
（　）(13) 若两轴线相交达60°，可用万向联轴器顺利传动。
（　）(14) 挠性联轴器能补偿被联接两轴之间大量的位移和偏斜。

3. **填空题**
(1) 万向联轴器主动轴和从动轴两轴的瞬时角速度是_____的。
(2) 无弹性元件挠性联轴器由于具有可移性，所以能够_____两轴之间的偏移。

（3）齿轮联轴器和十字滑块联轴器，都属于_____弹性元件挠性联轴器。

（4）凸缘联轴器对所联两轴的_____性要求很高。

（5）凸缘联轴器对所联两轴之间的偏移_____补偿能力。

（6）弹簧秤采用_____弹簧。

（7）万向联轴器主要用于两轴线的_____传动。

（8）万向联轴器的角度偏移越大，则_____轴角速度变化也越大。

（9）若想把联轴器联接的两根轴分开，必须在机器运转_____后才能进行。

（10）弹簧的主要材料是_____钢。

（11）弹簧是依靠释放_____能而做功的常用机械零件。

（12）摩擦离合器的优点是结合平稳、冲击小和过载_____。

（13）_____在机器运转过程中，就能将传动系统随时分离或结合。

（14）齿轮联轴器能补偿较大的_____位移。

（15）当传递的转矩超过规定值时，安全联轴器可以_____断开，保护薄弱零件不受损坏。

4. 简答题

（1）简述联轴器与离合器的根本区别。

（2）简述双万向联轴器应如何布置才能保证从动轴的角速度和主动轴的角速度随时相等。

（3）简述联轴器类型及型号选择的原则，并说明怎样计算联轴器的计算转矩。

（4）简述摩擦离合器与牙嵌离合器的工作原理及各自的优点。

（5）在联轴器中，有刚性联轴器、无弹性元件的挠性联轴器、有弹性元件的挠性联轴器之分，试判断图 17-1 所示各联轴器属于以上三类中的哪一类。

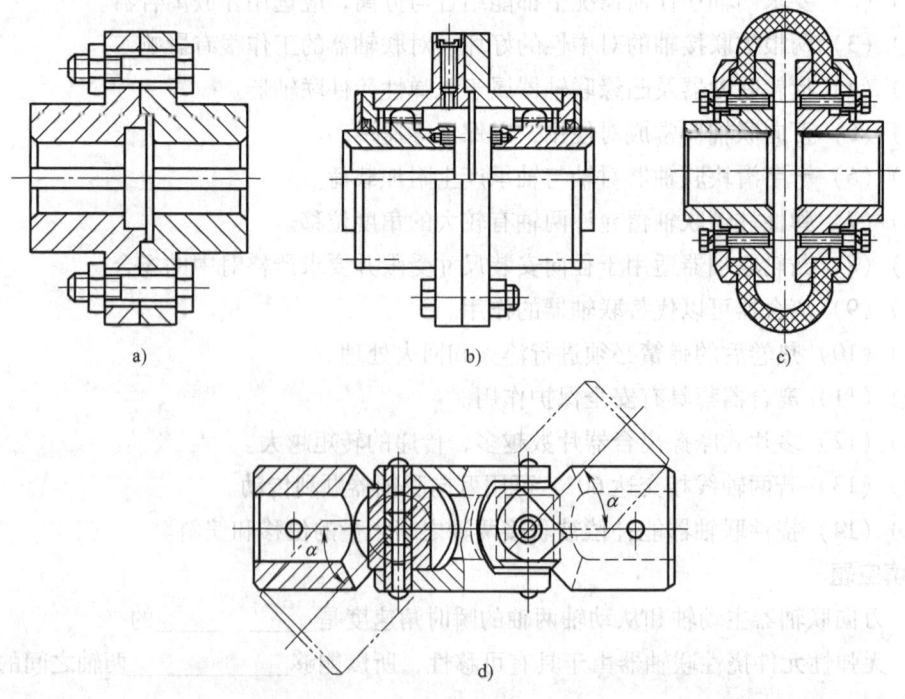

图 17-1

5. 分析计算题（或实作题）

（1）试选择往复运动的金属切削机床与电动机输出轴用联轴器。已知：电动机功率 $P = 11\text{kW}$，转速 $n = 1460\text{r/min}$，轴径 $d = 42\text{mm}$。确定联轴器的轴孔与键槽结构形式、代号及尺寸，写出联轴器的标记。

（2）某离心水泵与电动机之间选用弹性柱销联轴器联接，电动机功率 $P = 22\text{kW}$，转速 $n = 970\text{r/min}$，两轴轴径均为 $d = 55\text{mm}$，试选择联轴器的型号。

机械的平衡与调速

18.1 基本要求

1）了解回转件不平衡的危害以及不平衡的原因和分类，理解回转件静平衡和动平衡的基本原理。

2）掌握用向量图解法求静平衡条件下平衡质量的大小和方位的方法，理解用向量图解法求动平衡条件下平衡质量的大小和方位的方法。

3）了解静平衡试验和动平衡试验。

4）了解机械在运转中速度波动的危害，理解机械在运转中的功、能变化与速度波动的关系以及速度波动的调节，懂得飞轮的作用。

18.2 重点和难点

1）本章重点是刚性转子静平衡的计算方法及飞轮的调速原理。

2）本章难点是刚性转子动平衡的计算方法及最大盈亏功的确定。

18.3 习题

1. 单项选择题

（1）（　　）的回转件要进行动平衡试验。

A. 轴向尺寸较大　　　　　　　　B. 轴向尺寸小但形状不规则

C. 轴向尺寸小但转速高　　　　　D. 轴向尺寸小但质量大

（2）调速器在机器速度升高时自动（　　）输入机器的能量。

A. 增加　　　　　　　　　　　　B. 削减

（3）机械在一个运动周期内最小角速度到最大角速度的能量变化称为（　　）。

A. 盈功　　　　　　B. 最大盈亏功　　　　　　C. 亏功

（4）飞轮轴转速越高，飞轮的转动惯量越（　　）。

A. 小　　　　　　　　　　　　　B. 大

(5)（　　）的回转件可以只进行静平衡试验。
A. 轴向尺寸比径向尺寸小得多 B. 质量较小
C. 转速高 D. 转速低
(6) 对于轴向宽度大的回转件应作（　　）平衡试验。
A. 静 B. 动
(7) 机械运转的不均匀系数越小，表示机械运转的平稳性越（　　）。
A. 好 B. 差
(8) 造成回转件不平衡的原因是回转件的（　　）。
A. 形状不规则 B. 质量偏大
C. 转速过高 D. 质心偏离其回转轴线
(9) 进行静平衡试验要取（　　）个平衡平面。
A. 1 B. 2 C. 3 D. 4

2. 判断题（正确的划√，错误的划×）
（　）(1) 调速器是基于反馈原理进行工作的。
（　）(2) 非周期性速度波动可以用飞轮来调节。
（　）(3) 在理论上质量分布已达到平衡的回转件，由于制造、安装等误差及材质不均等原因，仍需进行动、静平衡试验。
（　）(4) 当驱动功小于阻力功时，多余的能量被飞轮以能量的形式储存起来，从而使机器的速度增幅不大。
（　）(5) 确定飞轮转动惯量的关键是确定最大盈亏功。
（　）(6) 速度较高的回转件，当其轴向长度 L 与外径 D 的比值 $L/D \leq 0.2$ 时，应进行动平衡试验。
（　）(7) 静平衡的回转件一定是动平衡的。

3. 填空题
(1) 周期性速度波动可采用有足够大转动惯量的_____加以调节。
(2) 大多数机器在稳定运转阶段的速度_____恒定的。
(3) 使惯性力的合力及合力矩同时为零的平衡称为_____平衡。
(4) 飞轮应安装在_____速轴上。
(5) 非周期性速度波动的调节必须采用_____。
(6) 机器从起动到停止一般经过起动、_____和停车三个阶段。

4. 简答题
(1) 刚性回转件的平衡有几种？
(2) 回转件静平衡和动平衡的条件各是什么？
(3) 机器的速度为什么会产生波动？周期性速度波动和非周期性速度波动的特点各是什么？各用什么方法来调节？

5. 分析计算题（或实作题）
(1) 如图 18-1 所示，在车床上加工重量为 100N 的工件 A 上的孔。工件重心 S 偏离圆

孔中心 O 120mm。今将工件用压板 B、C 压在床头花盘 D 上，设两压板各重20N，回转半径 $r_1 = 120$mm，$r_2 = 160$mm，位置如图所示。若花盘回转半径100mm处可装平衡重，试求达到静平衡需加的重量及位置。

（2）图 18-2 所示的盘状转子上有两个不平衡质量：$m_1 = 1.5$kg，$m_2 = 0.8$kg，$r_1 = 140$mm，$r_2 = 180$mm，相位如图所示。现用去重法来平衡，试求所需挖去质量的大小和相位（设挖去质量处的半径 $r = 140$mm）。

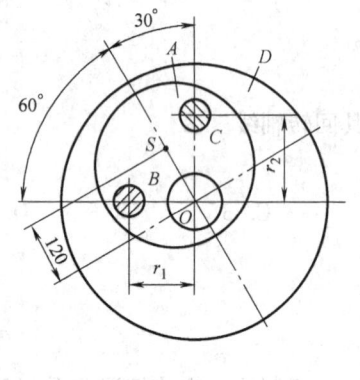

图 18-1

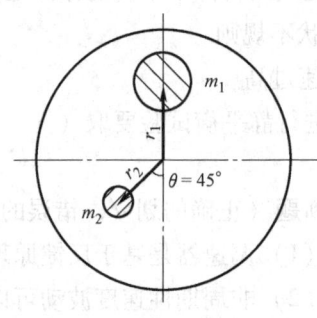

图 18-2

（3）某机组主轴上作用的驱动力矩 M_d 为常数，它的一个运动循环中阻力矩的变化如图 18-3 所示。已知 $\omega_m = 25$rad/s，$\delta = 0.04$。试确定：1）主轴的最大角速度 $\omega_{\max}$、最小角速度 $\omega_{\min}$；2）驱动力矩 M_d 的大小；3）最大盈亏功 $W_{\max}$；4）飞轮的转动惯量 J_F。

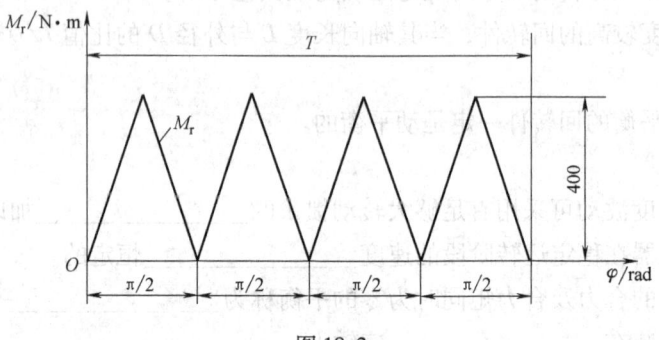

图 18-3

（4）某压力机运转一个循环的总时间为 $T = t_1 + t_2$（图 18-4），其中 t_1 为压力机的空转时间，t_2 为压力机的工作时间，且 $t_1/t_2 = 3$；P_1 为空转时所消耗的功率，P_2 为工作时间所消耗的功率，而 $P_1/P_2 = 1/6$，δ 为不均匀系数。试求该压力机所需要电动机功率 P 和最大盈亏功 $W_{\max}$。

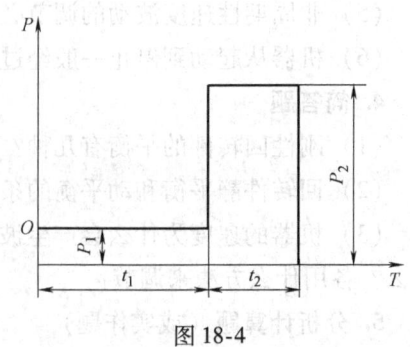

图 18-4

附 录

附录A 习题参考答案

绪论

1. 单项选择题

（1）A；（2）C；（3）B；（4）B；（5）D；（6）C；（7）B。

2. 判断题（正确的划√，错误的划×）

（1）×；（2）√；（3）√；（4）√；（5）×；（6）×；（7）×；（8）√；（9）√。

3. 简答题（略）

第1章 静力学

1. 单项选择题

（1）A；（2）B；（3）B；（4）C；（5）A；（6）A；（7）D；（8）C；（9）A；（10）A；（11）B；（12）B；（13）A；（14）C；（15）A；（16）D；（17）C；（18）C；（19）C；（20）B。

2. 判断题（正确的划√，错误的划×）

（1）√；（2）×；（3）×；（4）√；（5）×；（6）×；（7）×；（8）×；（9）√；（10）×；（11）√；（12）√；（13）√；（14）√；（15）×；（16）√；（17）√；（18）√；（19）√；（20）√；（21）√；（22）×；（23）×；（24）×；（25）×；（26）√；（27）×；（28）√。

3. 填空题

（1）主动力；（2）该力系的力多边形自行封闭；（3）移动、转动；（4）代数和；

（5）力偶的大小相等，转向相同；（6）可传性；

（7）大小相等，方向相反，作用在同一条直线上；（8）作用点；（9）静定；（10）内力；

（11）静不定结构；（12）不平衡；（13）$F\cos\alpha\sin\beta$，$F\cos\alpha\cos\beta$，$F\sin\alpha$

（14）滑动趋势，摩擦力；（15）相反，拉力，法线；（16）不在一条直线上；

（17）集中力、集中力偶、分布载荷；（18）代数和；（19）静止状态；（20）摩擦角

（21）6；（22）$\sum F_x = 0$、$\sum F_y = 0$、$\sum F_z = 0$；（23）力偶；（24）Fa；（25）200N；（26）不平行

4. 分析计算题（或实作题）

(1) a) $F_{Rx} = -676.93\text{N}$, $F_{Ry} = -779.29\text{N}$, $F_R = 1032.2\text{N}$, $\alpha = 49.02°$；

b) $F_{Rx} = -364.6\text{N}$, $F_{Ry} = -181.8\text{N}$, $F_R = 407.4\text{N}$, $\alpha = 26.5°$。

(2) a) $F_A = qa/3$, $F_B = 2qa/3$; b) $F_A = -qa$, $F_B = 2qa$; c) $F_A = qa$, $F_B = 2qa$;

d) $F_A = 11qa/6$, $F_B = 13qa/6$; e) $F_A = 2qa$, $M_A = -7qa^2/2$; f) $F_A = 3qa$, $M_A = 3qa^2$;

g) $F_A = 2qa$, $F_{Bx} = -2qa$, $F_{By} = qa$; h) $F_{Ax} = 0$, $F_{Ay} = qa$, $F_B = 0$。

(3) $F_D = \dfrac{1}{2}F$, $F_A = \dfrac{\sqrt{5}}{2}F = 1.12F$。

(4) $F_C = P/3$, $F_{Ax} = P$, $F_{Ay} = P/3$, $M_A = -Pa$。

(5) $F_A = F_E = 166.7\text{N}$。

(6) $F_T = 20.9\text{kN}$; $F_{Bx} = 18.1\text{kN}$; $F_{By} = 32.25\text{kN}$。

(7) $F_B = 7.5\text{kN}$; $F_C = 2.5\text{kN}$; $F_{Ay} = 2.5\text{kN}$; $M_A = -5\text{kN}\cdot\text{m}$。

(8) 1) 以整体为研究对象，如附图 1-1 所示，画出受力图（平面任意力系）。

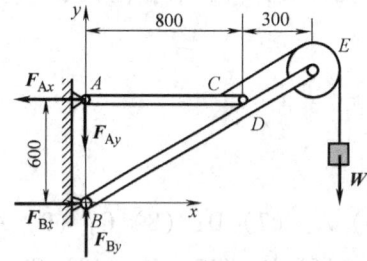

附图 1-1

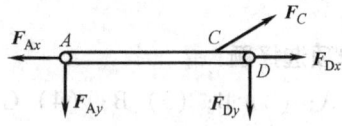

附图 1-2

2) 选坐标系 Bxy，列出平衡方程

由 $\sum M_B(F) = 0$ 得 $F_{Ax} \times 600 - W \times 1200 = 0$；$F_{Ax} = 20\text{kN}$

由 $\sum F_x = 0$ 得 $F_{Bx} = 20\text{kN}$

由 $\sum F_y = 0$ 得 $-F_{Ay} + F_{By} - W = 0$

3) 研究 ACD 杆，如附图 1-2 所示，画出受力图（平面任意力系）;

4) 选 D 点为矩心，列出平衡方程；

由 $\sum M_D(F) = 0$ 得 $F_{Ay} = 1.25\text{kN}$

5) 将 F_{Ay} 代入到前面的平衡方程可得 $F_{By} = F_{Ay} + W = 11.25\text{kN}$

约束力的方向如附图 1-2 所示。

(9) a) 0; b) $Fl\sin\beta$; c) $Fl\sin\theta$; d) $-Fa$; e) $F(a^2 + b^2)^{1/2}\sin\alpha$。

(10) ① $-88.8\text{kN}\cdot\text{m}$; ② -394.6N; ③ -279.17N。

(11) a) $-75.18\text{N}\cdot\text{m}$; b) $(F_{T1} - F_{T2})D/2 = 8\text{N}\cdot\text{m}$。

(12) $F_{1x} = -60\text{N}$; $F_{1y} = 80\text{N}$; $F_{1z} = 0$; $F_{2x} = 10\text{N}$; $F_{2y} = 0$; $F_{2z} = -20\text{N}$;

$M_x(F_1) = -16\text{N}\cdot\text{m}$; $M_y(F_1) = -12\text{N}\cdot\text{m}$; $M_z(F_1) = 24\text{N}\cdot\text{m}$;

$M_x(F_2) = -8\text{N}\cdot\text{m}$; $M_y(F_2) = 6\text{N}\cdot\text{m}$; $M_z(F_2) = -4\text{N}\cdot\text{m}$。

(13) $F = 3.986\text{kN}$,$F_{\min} = F_C\sin65° = 2.82\text{kN}$。

(14) $F_{Ax} = G\sin\alpha$,$F_{Ay} = G(1+\cos\alpha)$,$M_A = G(1+\cos\alpha)\,b$。

(15) 1) 以整体为研究对象,画出受力图(平面平行力系),如附图 1-3 所示。

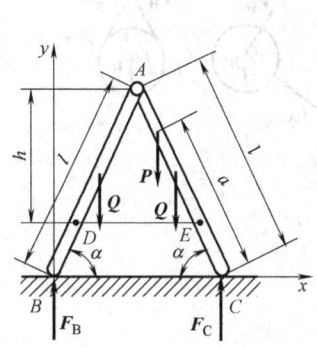

附图 1-3

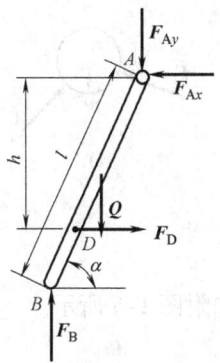

附图 1-4

2) 选坐标系 Bxy,列出平衡方程;

由 $\sum M_B(F) = 0$ 得 $F_C = Q + \left(1 - \dfrac{a}{2l}\right)P$

由 $\sum F_y = 0$ 得 $F_B = Q + \dfrac{a}{2l}P$

3) 以杆 AB 为研究对象,画出受力图(平面任意力系)如附图 1-4 所示。

4) 选 A 点为矩心,列出平衡方程;

由 $\sum M_A(F) = 0$ 得 $F_D = \left(Q + \dfrac{a}{l}P\right)\dfrac{l\cos\alpha}{2h}$

(16) 主矢 $F_R = \sqrt{F_{Rx}^2 + F_{Ry}^2 + F_{Rz}^2} = 426\text{N}$,主矩 $M_O = \sqrt{M_x^2 + M_y^2 + M_z^2} = 122\text{N}\cdot\text{m}$。

(17) $F_{AD} = 2F = 1.2\text{kN}$ $F_{AC} = F_{AB} = \dfrac{\sqrt{6}}{4}F_{AD} = 0.735\text{kN}$,杆 AB、AC 受拉,杆 AD 受压。

(18) $F = 70.9\text{N}$;$F_{By} = 207\text{N}$;$F_{Bx} = 19\text{N}$;$F_{Ax} = 47.6\text{N}$;$F_{Ay} = 68.8\text{N}$。

(19) P 的最小值为 $0.35Q$。

(20) $90° \geqslant \theta \geqslant \arctan\dfrac{1}{2f}$。

(21) a) 物体处于静止状态;b) 物体处于静止状态;c) 物体处于运动状态。

(22) $M = 13.6\text{N}\cdot\text{m}$。

(23) a) $x_C = \dfrac{\sum S_i x_i}{\sum S_i} = \dfrac{1200\times 5 + 700\times 45}{1200 + 700}\text{mm} = 19.74\text{mm}$;$y_C = \dfrac{\sum S_i y_i}{\sum S_i} = \dfrac{1200\times 60 + 700\times 5}{1200 + 700}\text{mm} = 39.74\text{mm}$;

b) $x_C = \dfrac{\sum S_i x_i}{\sum S_i} = \dfrac{-6400\pi \times 100}{40000\pi - 6400\pi}\text{mm} = -19.05\text{mm}$;$y_C = 0$。

5. 综合题

（1）如附图 1-5 所示。

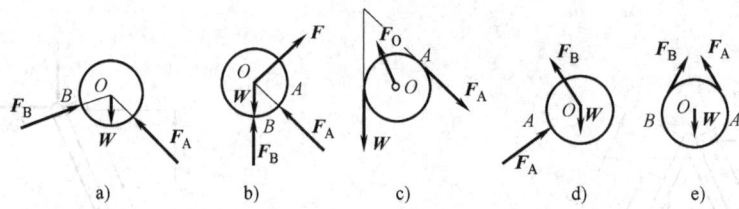

附图 1-5

（2）如附图 1-6 所示。

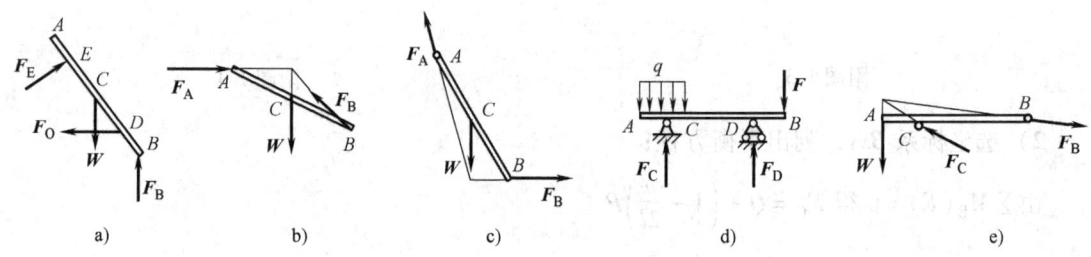

附图 1-6

（3）如附图 1-7 所示。

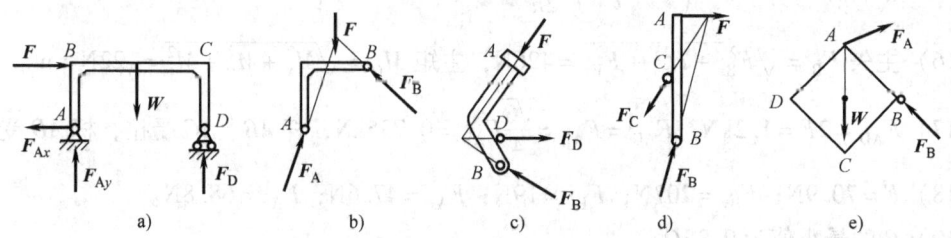

附图 1-7

（4）是一个顺时针的力偶；此刚体不平衡。

（5）该物体静止，因为主动力 F 和 G 的合力与接触面法向方向的夹角 12.5° 小于摩擦角 20°。

第 2 章 拉伸和压缩

1. 单项选择题

（1）A；（2）C；（3）A；（4）B；（5）C；（6）B；（7）D；（8）A；（9）D；（10）

D;(11) A;(12) A。

2. 判断题（正确的划√，错误的划×）

(1) ×;(2) ×;(3) √;(4) √;(5) ×;(6) √;(7) ×;(8) × (9) ×;(10) √。

3. 填空题

(1) 应力;(2) 重合，伸长或缩短;(3) 均匀;(4) 相同;(5) 比例;(6) 小;(7) 大;

(8) 正比，比例;(9) 塑性;(10) 提高，冷作硬化;(11) 抗压;(12) 强度;

(13) 安全系数;(14) 大。

4. 简答题

(1) — (2) 略。

(3) 1) 弹性阶段，σ-ε 直线段斜率越大，弹性模量就越小；直线段斜率越小，弹性模量就越大。因此，从图2-5中可以看出，丙曲线的直线段的斜率最小，其弹性模量最大。

2) σ-ε 曲线对应的屈服强度越大，材料的强度就越高。从图2-5中可以看出，甲的屈服强度最大，其强度也最高。

3) 当进入强化阶段后，ε 增加相同量，σ 值减小越多，材料塑性就越好，从图2-5中可看出丙材料的塑性好一些。

5. 分析计算题（或实作题）

(1) 直杆 AD 的轴力图如附图 2-1 所示。

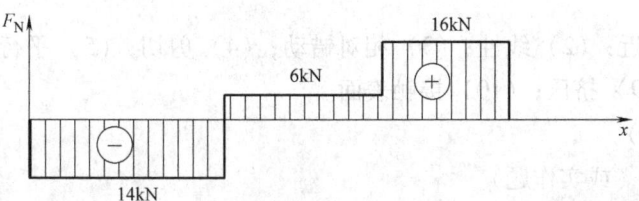

附图 2-1

(2) 杆件 AB 的轴力图如附图 2-2 所示。

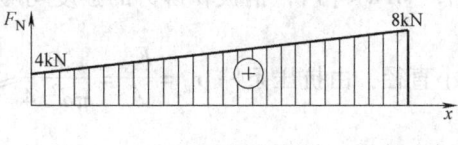

附图 2-2

(3)

$$\Delta l_3 = \frac{F_{N3} l_{CD}}{EA_3} = -\frac{20 \times 10^3 \times 1}{200 \times 10^9 \times 200 \times 10^{-6}} \text{m} = -0.0005\text{m} = -0.5\text{mm}$$

$$\Delta l_2 = \frac{F_{N2} l_{CB}}{EA_2} = -\frac{10 \times 10^3 \times 1.5}{200 \times 10^9 \times 300 \times 10^{-6}} \text{m} = -0.00025\text{m} = -0.25\text{mm}$$

$$\Delta l_1 = \frac{F_{N1}l_{AB}}{EA_1} = \frac{10 \times 10^3 \times 1}{200 \times 10^9 \times 400 \times 10^{-6}} \text{m} = 0.000125\text{m} = 0.125\text{mm}$$

$\Delta l = \Delta l_1 + \Delta l_2 + \Delta l_3 = -0.625\text{mm}$（缩短）

（4）

设 BC 段的直径为 d_2，

AB 段的轴力为 $F_{NAB} = F_1 = 200\text{kN}$，应力为 $\sigma_{AB} = \dfrac{F_{NAB}}{A_{AB}} = \dfrac{4F_1}{\pi d_1^2}$；

BC 段的轴力为 $F_{NBC} = F_1 + F_2 = 300\text{kN}$，应力为 $\sigma_{BC} = \dfrac{F_{NBC}}{A_{BC}} = \dfrac{4(F_1+F_2)}{\pi d_2^2}$；

令 $\sigma_{AB} = \sigma_{BC}$，则 $\dfrac{4F_1}{\pi d_1^2} = \dfrac{4(F_1+F_2)}{\pi d_2^2}$，整理得 $d_2 = \sqrt{\dfrac{3}{2}}d_1 = 49.0\text{mm}$。

（5）$E = 203 \times 10^9 \text{Pa} = 203\text{GPa}$；$\sigma = 149 \times 10^6 \text{Pa} = 149\text{MPa}$。

第 3 章 剪切、挤压和扭转

1. 单项选择题

（1）C；（2）B；（3）B；（4）A；（5）C；（6）B；（7）D；（8）C（9）A；（10）A。

2. 判断题（正确的划√，错误的划×）

（1）×；（2）×；（3）√；（4）√；（5）√；（6）×；（7）√；（8）×；（9）√；（10）×。

3. 填空题

（1）平行，很近；（2）线性；（3）相对错动；（4）剪切；（5）平行；（6）单剪；（7）均匀；（8）πdt；（9）挤压；（10）接触表面。

4. 简答题（略）

5. 分析计算题（或实作题）

（1）$\sigma = \dfrac{F_N}{A} = \dfrac{F}{(b-d)\delta} = 29.4\text{MPa} < [\sigma_1]$，$\sigma_{bs} = \dfrac{F_{bs}}{A_{bs}} = \dfrac{F}{d\delta} = 117.5\text{MPa} < [\sigma'_{bs}]$

$\tau = \dfrac{F_Q}{A} = \dfrac{F/2}{\pi d_2^2/4} = 37.4\text{MPa} < [\tau]$，钢板和铆钉的强度均够。

（2）1）确定圆孔的最小直径：由抗压条件 $\sigma_c = \dfrac{F_N}{A} = \dfrac{F}{\pi d^2/4} \leqslant [\sigma_c]$ 得

$d \geqslant \sqrt{\dfrac{4F}{\pi[\sigma_c]}} = 34.02\text{mm}$，取最小直径为 $d_{\min} = 35\text{mm}$。

2）确定钢板的最大厚度：冲剪成孔应满足 $\tau = \dfrac{F_Q}{A} = \dfrac{F}{\pi d\delta} \leqslant [\tau_b]$ 得

$$\delta \geqslant \dfrac{F}{\pi d[\tau_b]} = 10.1\text{mm}$$

故取钢板的最大厚度为 $\delta_{\max} = 10\text{mm}$。

（3）ABC 轴的扭矩图如附图 3-1 所示。

(4) AB 段是安全的，BC 段的强度不够，故阶梯轴的强度不够。

(5) AB 段的相对扭转角为 $\varphi_{AB} = \dfrac{T_{AB} l_{AB}}{GI_p} = \dfrac{1200 \times 0.8}{80 \times 10^9 \times 0.25 \times 10^{-6}}$ rad = 0.048 rad = 2.75°

BC 段的相对扭转角为 $\varphi_{BC} = \dfrac{T_{BC} l_{BC}}{GI_p} = \dfrac{-800 \times 1}{80 \times 10^9 \times 0.25 \times 10^{-6}}$ rad = -0.04 rad = -2.29°

$\varphi_{AC} = \varphi_{AB} + \varphi_{BC} = (0.048 - 0.04)$ rad = 0.008 rad = 0.46°

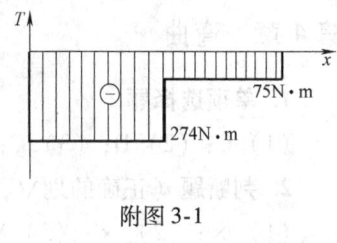

附图 3-1

(6) 扭矩图如附图 3-2 所示。

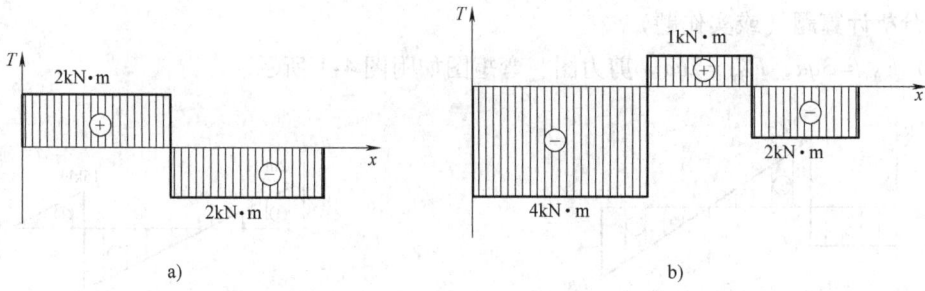

附图 3-2

(7) 距轴心 10mm 处的切应力为 $\tau = \dfrac{T\rho}{I_p} = \dfrac{2.15 \times 10^3 \times 0.01}{6.14 \times 10^{-7}}$ Pa = 35.0 MPa

截面上的最大切应力为 $\tau_{max} = \dfrac{T}{W_p} = \dfrac{2.15 \times 10^3}{2.456 \times 10^{-5}}$ Pa = 87.5 MPa

(8)

1) 根据强度条件设计可得

$d_1 \geqslant \sqrt[3]{\dfrac{16 T_{12}}{\pi [\tau]}} = \sqrt[3]{\dfrac{16 \times 7028}{\pi \times 70 \times 10^6}}$ m = 0.08 m, $d_2 \geqslant \sqrt[3]{\dfrac{16 T_{23}}{\pi [\tau]}} = \sqrt[3]{\dfrac{16 \times 4221}{\pi \times 70 \times 10^6}}$ m = 0.067 m

根据刚度条件设计可得

$d_1 \geqslant \sqrt[4]{\dfrac{32 T_{12} \times 180}{G \pi^2 [\theta]}} = \sqrt[4]{\dfrac{32 \times 7028 \times 180}{80 \times 10^9 \times \pi^2 \times 1}}$ m = 0.0846 m

$d_2 \geqslant \sqrt[4]{\dfrac{32 T_{23} \times 180}{G \pi^2 [\theta]}} = \sqrt[4]{\dfrac{32 \times 4221 \times 180}{80 \times 10^9 \times \pi^2 \times 1}}$ m = 0.0745 m

综合强度和刚度条件，取 $d_1 = 84.6$ mm $d_2 = 74.5$ mm。

2) 若 AB 和 BC 两段选用同一直径，则取 $d_1 = d_2 = 84.6$ mm。

3) 将 A 轮和 B 轮对调位置，则 $T_{12} = 2807$ N·m，最大扭矩减小，轴的扭转强度提高了，所以主动轮放在中间更合理。

第4章 弯曲

1. 单项选择题

(1) C；(2) D；(3) C；(4) C；(5) D；(6) D；(7) B；(8) B。

2. 判断题（正确的划√，错误的划×）

(1) ×；(2) ×；(3) √；(4) ×；(5) ×；(6) ×；(7) ×；(8) ×。

3. 填空题

(1) 分布应力；(2) 零；(3) 纵向对称平面；(4) 抛物线，斜直线；(5) 受拉一侧；(6) 挠度；(7) 平面；(8) 纵向对称；(9) 弯矩，剪力，弯矩；(10) 下凸，上凸；(11) 斜率变化；(12) $\dfrac{ql^2}{8} - \dfrac{M}{2}$，$\dfrac{ql^2}{4}$。

4. 分析计算题（或实作题）

(1) $F_{Ay} = 3qa$，$F_{By} = 2qa$。剪力图、弯矩图如附图4-1所示。

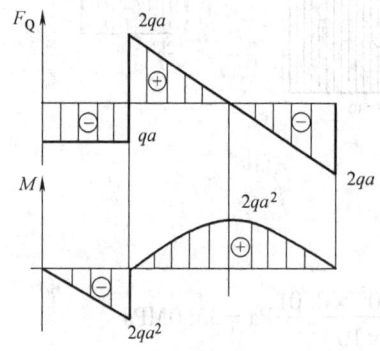

附图 4-1

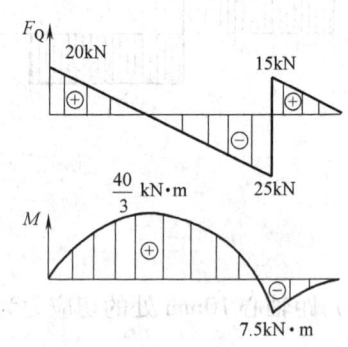

附图 4-2

(2) $M_{max} = 2q\text{N}\cdot\text{m}$；由 $\sigma_{max} = \dfrac{M_{max}}{W_Z} \leqslant [\sigma]$ 可得 $q \leqslant 10 \times 10^6 \times 8 \times 10^{-4} = 8000\text{N/m} = 8\text{kN/m}$。

(3) $F_{Ay} = 20\text{kN}$，$F_{By} = 40\text{kN}$；剪力图、弯矩图如附图4-2所示。

$$\sigma_{tmax} = \dfrac{M_D y_1}{I_z} = \dfrac{40/3 \times 10^3 \times 183 \times 10^{-3}}{1.73 \times 10^8 \times 10^{-12}}\text{MPa} = 14.1\text{MPa} \leqslant [\sigma_t]$$

$$\sigma_{tmax} = \dfrac{M_B y_2}{I_z} = \dfrac{7.5 \times 10^3 \times 400 \times 10^{-3}}{1.73 \times 10^8 \times 10^{-12}}\text{MPa} = 17.3\text{MPa} \leqslant [\sigma_t]$$

$$\sigma_{tmax} = \dfrac{M_D y_2}{I_z} = \dfrac{40/3 \times 10^3 \times 400 \times 10^{-3}}{1.73 \times 10^8 \times 10^{-12}}\text{MPa} = 30.8\text{MPa} \leqslant [\sigma_c]$$

所以梁的强度满足要求。

(4) 梁的剪力图、弯矩图如附图4-3所示。梁载荷 $P \leqslant 44.2\text{kN}$。

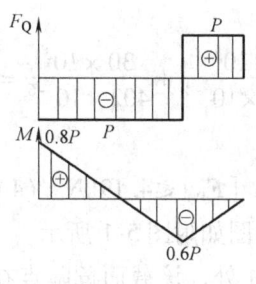

附图 4-3

5. 综合题

各梁的剪力图和弯矩图如附图 4-4 所示。

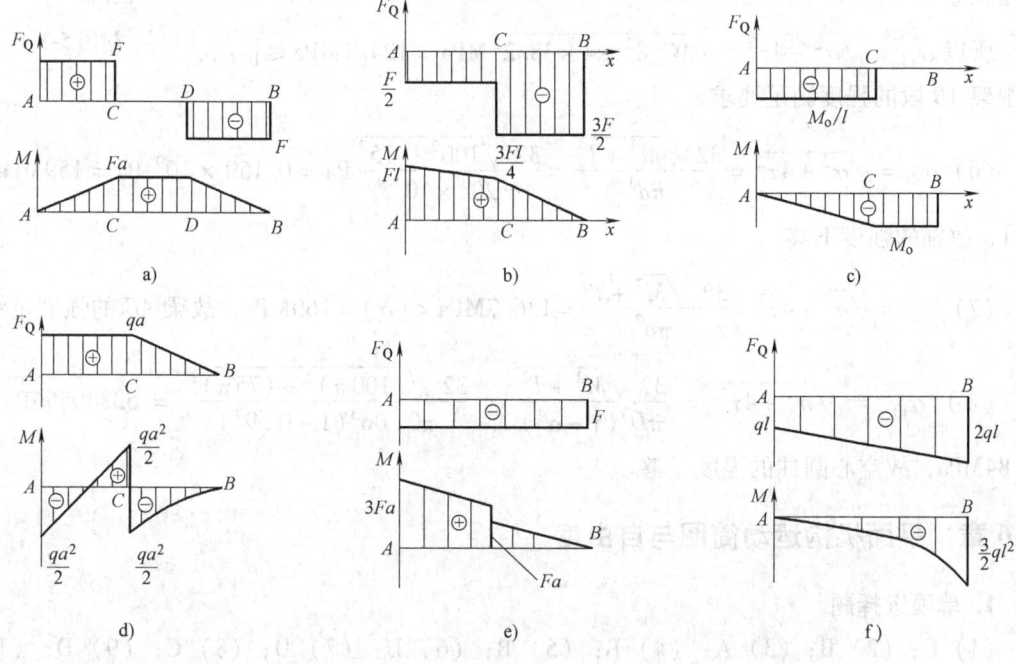

附图 4-4

第 5 章 组合变形的强度计算

1. 单项选择题

(1) C；(2) A；(3) D；(4) A。

2. 判断题（正确的划√，错误的划×）

(1) √；(2) √；(3) √；(4) √；(5) √；(6) √；(7) √；(8) √。

3. 填空题

(1) 弯曲和压缩，弯曲和扭转，拉伸和弯曲；(2) 弯曲和扭转；

(3) 两面弯曲和压缩，弯曲和扭转；(4) 小变形，线弹性；(5) 压缩，弯曲。

4. 分析计算题（或实作题）

(1) $\sigma_{max} = \dfrac{F_N}{A} + \dfrac{M_{max}}{W_z} = \dfrac{52 \times 10^3}{48.54 \times 10^{-4}} + \dfrac{30 \times 10^3}{402 \times 10^{-6}} = 85.7\text{MPa} < [\sigma]$，故梁 AB 的强度足够。

(2) 8.07MPa，为压应力。(3) $[F_P] \leq 4.19\text{kN}$。(4) $e = h/6 = 40\text{mm}$。

(5) ①AB 段各基本变形的内力图如附图 5-1 所示。

②由内力图可判断危险截面在 A 处，该截面危险点在横截面上的正应力、切应力为

$\sigma = \dfrac{M}{W} = \dfrac{32 \times \sqrt{60^2 + 48^2}}{\pi \times 0.02^3}\text{MPa} = 97.8\text{MPa}$，$\tau = \dfrac{T}{W_p} = \dfrac{16 \times 60}{\pi \times 0.02^3}\text{MPa} = 38.2\text{MPa}$

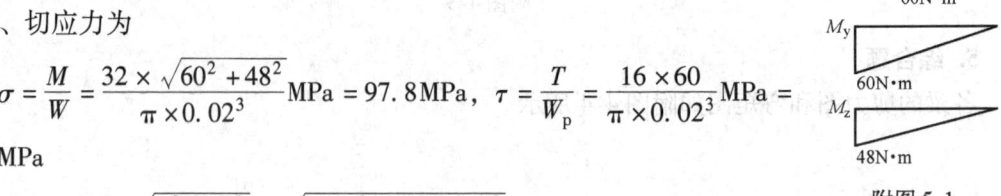

附图 5-1

所以 $\sigma_{r3} = \sqrt{\sigma^2 + 4\tau^2} = \sqrt{97.8^2 + 4 \times 38.2^2}\text{MPa} = 124.1\text{MPa} \leq [\sigma]$，故刚架 AB 段的强度满足要求。

(6) $\sigma_{r3} = \sqrt{\sigma^2 + 4\tau^2} = \dfrac{32\sqrt{M^2 + T^2}}{\pi d^3} = \dfrac{32\sqrt{100^2 + 75^2}}{\pi 20^3 \times 10^{-9}}\text{Pa} = 0.159 \times 10^9\text{Pa} = 159\text{MPa} > [\sigma]$，故轴的强度不够。

(7) $\sigma_{r3} = \sqrt{\sigma^2 + 4\tau^2} = \dfrac{32\sqrt{M^2 + T^2}}{\pi d^3} = 136.7\text{MPa} < [\sigma] = 160\text{MPa}$，故梁 AB 的强度足够。

(8) $\sigma_{r3} = \sqrt{\sigma^2 + 4\tau^2} = \dfrac{32\sqrt{M^2 + T^2}}{\pi D^3(1-\alpha^4)} = \dfrac{32\sqrt{(100\pi)^2 + (75\pi)^2}}{\pi 0.06^3(1-0.9^4)} = 53840556\text{Pa} = 53.84\text{MPa}$，故空心圆柱的强度足够。

第 6 章　平面机构运动简图与自由度

1. 单项选择题

(1) C；(2) B；(3) A；(4) B；(5) B；(6) D；(7) D；(8) C；(9) D；(10) A；(11) A。

2. 判断题（正确的划 √，错误的划 ×）

(1) ×；(2) √；(3) ×；(4) √；(5) ×；(6) ×；(7) √；(8) √；(9) √；(10) ×；(11) ×；(12) ×；(13) √；(14) √。

3. 填空题

(1) 大于 0；(2) 机架，主动件；(3) 点，线，面；(4) 1，2；(5) 2；

(6) 主动件，从动件，机架；(7) 具有的独立运动的数目；

(8) 使两构件直接接触而又彼此有一定的相对运动的连接；(9) 等于；

(10) 构件失去的自由度与它受到的约束条件数相等；(11) 2，1。

(12) 两个以上构件同时在一处用转动副相连接，与整个机构主运动无关的自由度，在机构中与其他约束重复而不起限制运动作用的约束；

(13) 说明机构各构件间相对运动关系。

4. 简答题（略）

5. 分析计算题（或实作题）

(1) 如附图 6-1 所示。

a) $F = 3 \times 4 - 2 \times 5 - 1 = 1$；b) $F = 3 \times 3 - 2 \times 4 = 1$；c) $F = 3 \times 3 - 2 \times 4 = 1$；d) $F = 3 \times 3 - 2 \times 4 = 1$。

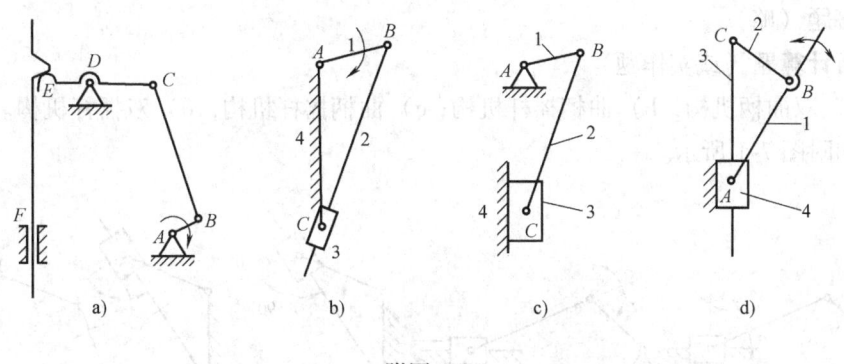

附图 6-1

(2) a) $F = 3 \times 4 - 2 \times 6 = 0$，不能运动；

b) $F = 3 \times 3 - 2 \times 3 - 2 = 1$，有确定的相对运动，滚子转动为局部自由度；

c) $F = 3 \times 6 - 2 \times 8 - 1 = 1$，有确定的相对运动，$E$、$F$ 之一为虚约束，B 为复合铰链；

d) $F = 3 \times 5 - 2 \times 7 = 1$，有确定的相对运动，有一复合铰链；

e) $F = 3 \times 6 - 2 \times 8 - 1 = 1$，有确定的相对运动，$C$ 处为复合铰链；

f) $F = 3 \times 7 - 2 \times 10 = 1$，有确定的相对运动；

g) $F = 3 \times 5 - 2 \times 7 = 1$，有确定的相对运动；

h) $F = 3 \times 8 - 2 \times 11 - 1 = 1$，有确定的相对运动，$B$ 为局部自由度；

i) $F = 3 \times 4 - 2 \times 5 - 1 = 1$，有确定的相对运动，$E$、$E'$ 之一为虚约束，F、F' 之一为虚约束，D 为局部自由度；

j) $F = 3 \times 4 - 2 \times 5 - 1 = 1$，有确定的相对运动，$B$ 为局部自由度；

k) $F = 3 \times 6 - 2 \times 8 - 1 = 1$，有确定的相对运动，$B$ 为局部自由度，H、K 之一为虚约束。

第 7 章 平面连杆机构

1. 单项选择题

(1) D；(2) C；3) C；(4) C；(5) A；(6) B；(7) C；(8) B；(9) A。

2. 判断题（正确的划√，错误的划×）

(1) ×；(2) √；(3) ×；(4) √；(5) √；(6) ×；(7) ×；(8) ×；(9) ×；(10) √；(11) √；(12) √；(13) √；(14) √；(15) ×；(16) √；(17) ×；(18) √；(19) ×。

3. 填空题

(1) 转动，移动；(2) 平面；(3) 回转副；(4) 连续转动；(5) 往复摆动；(6) 曲柄摇杆，双曲柄，双摇杆；(7) 最短，整周旋转；(8) 最短；(9) 大于，机架；(10) 摇杆，无穷大；(11) 固定件；(12) 曲柄；(13) 主动，从动，往复摆动，旋转；(14) 极位夹角，大于1；(15) 自身，飞轮；(16) 非生产，工作效率；(17) 余；(18) 死点；(19) 匀速，变速；(20) 360，双曲柄。

4. 简答题（略）

5. 分析计算题（或实作题）

(1) a) 双曲柄机构；b) 曲柄摇杆机构；c) 曲柄摇杆机构；d) 双摇杆机构。

(2) 如附图 7-1 所示。

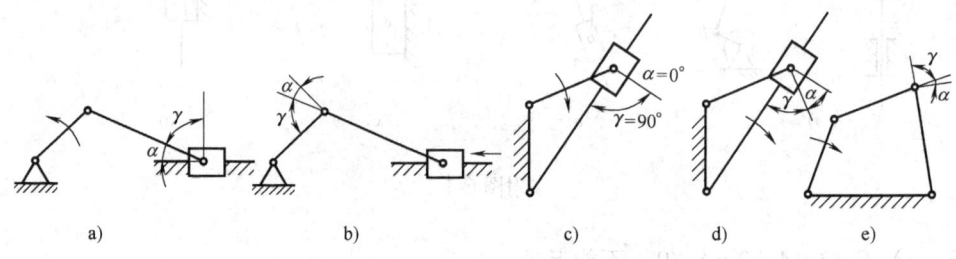

附图 7-1

(3) 1) 曲柄摇杆机构；2) 双曲柄机构；3) 双摇杆机构。

(4) $\sin\alpha = \dfrac{r\sin\theta + e}{l}$

$\alpha = 90° - \gamma$

$\sin(90° - \gamma) = \dfrac{r\sin\theta + e}{l}$

$\cos\gamma = \dfrac{r\sin\theta + e}{l}$

$\gamma = \arccos\dfrac{r\sin\theta + e}{l}$

从上式可见，影响偏置曲柄滑块机构传动角的参数有曲柄长度 r、偏置距 e 和连杆长度 l。

最小传动角在 $\theta = 90°$ 时，$\gamma_{\min} = \arccos\dfrac{r + e}{l}$

可见其他参数不变时，r 或 e 增大，最小传动角减小，反之，最小传动角增大；当其他参数不变时，l 增大，最小传动角增大，反之，最小传动角减小。

(5) 设 l_{BC} 为最长杆，根据曲柄存在条件可得 $l_{BC} \leqslant 205$ mm；设 l_{AD} 为最长杆，根据曲柄存在条件可得 $l_{BC} \geqslant 55$ mm，故说明连杆长度只能在 55~205 mm 内。

(6) 曲柄 $a \approx 33.5$ mm，连杆 $b \approx 154$ mm。

(7) $l_{AB} \approx 68$ mm，$l_{CD} \approx 113$ mm，$l_{AD} \approx 95$ mm。

(8) $AB \approx 80 \text{mm}$，$BC \approx 1120 \text{mm}$。

第8章 凸轮机构

1. 单项选择题

（1）B；（2）A；（3）B；（4）B；（5）D；（6）C；（7）D；（8）D；
（9）D；（10）D；（11）D；（12）C；（13）A；（14）D；（15）B。

2. 判断题（正确的划√，错误的划×）

（1）×；（2）√；（3）×；（4）×；（5）√；（6）×；（7）×；（8）×；（9）×；
（10）√。

3. 填空题

（1）从动件，凸轮；（2）盘形，圆柱；（3）尖顶，滚子；（4）基圆；（5）压力角；
（6）加大，≤30°；（7）刚性；（8）大，小；（9）等速，等加速等减速，简谐；（10）较小。

4. 简答题（略）

5. 分析计算题（或实作题）

（1）如附图8-1所示。

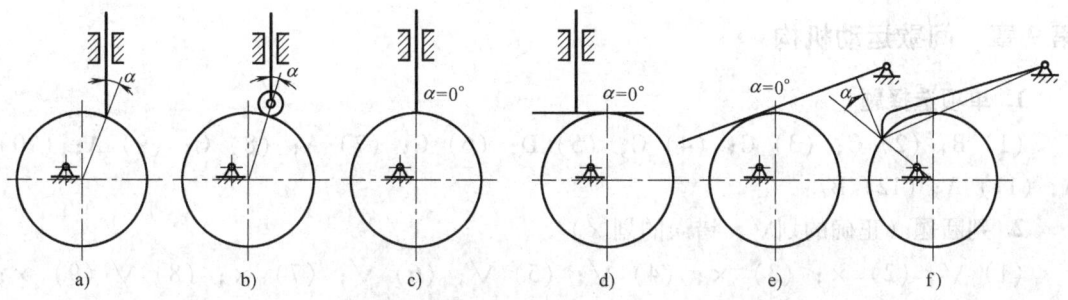

附图8-1

（2）如附图8-2所示。

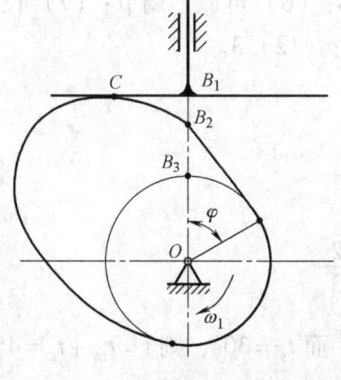

附图8-2

1) 0；2) B_1B_3；3) φ。

(3) 1) 30°；2) 18.3mm，$h = 50$mm。

(4) 如附图 8-3 所示。

(5) 略。

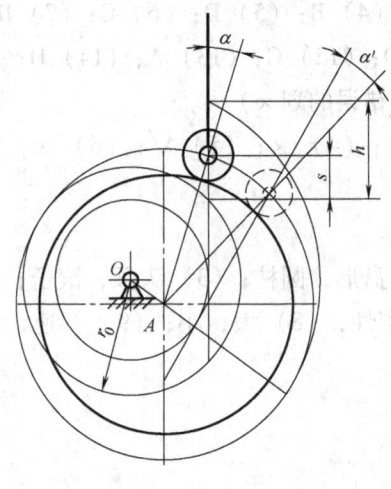

附图 8-3

第 9 章 间歇运动机构

1. 单项选择题

(1) B；(2) C；(3) C；(4) C；(5) D；(6) C；(7) A；(8) C；(9) A；(10) A；(11) A；(12) B。

2. 判断题（正确的划√，错误的划×）

(1) √；(2) ×；(3) ×；(4) √；(5) √；(6) √；(7) ×；(8) √ (9) ×；(10) √；(11) ×。

3. 填空题

(1) 棘轮机构，槽轮机构，不完全齿轮机构；(2) 槽轮，拨盘；(3) 阻止棘轮反转；(4) 2个；(5) 摇杆摆角的大小；(6) 可靠，调节；(7) 长度；(8) 棘齿，摩擦；(9) 阻止；(10) 摩擦式棘轮；(11) 3；(12) 3。

4. 简答题（略）

5. 分析计算题（或实作题）

(1) $K = 2$，$\tau = \dfrac{2}{3}$。

(2) $\tau = \dfrac{1}{3}$，$t_m = \dfrac{1}{3}$s，$t_s = \dfrac{2}{3}$s。

(3) $\tau = \dfrac{z-2}{2z} = \dfrac{t_m}{t_m + t_s} = \dfrac{1}{3}$，而 $t_s = 30$s，则 $t = t_m + t_s = 45$s，即 $n = \dfrac{4}{3}$r/min。

(4) 1) $\varphi_{\min} = \dfrac{\pi}{20}$rad；2) $S_{\min} = \dfrac{\varphi_{\min} Ph}{2\pi} = 0.075$mm。

第10章 联接

1. 单项选择题

(1) C;(2) D;(3) C;(4) B;(5) C;(6) D;(7) A;(8) A;(9) B;(10) C;(11) A;(12) B;(13) C;(14) A;(15) B;(16) A;(17) B。

2. 判断题（正确的划√，错误的划×）

(1) √;(2) √;(3) √;(4) ×;(5) ×;(6) √;(7) ×;(8) ×;(9) ×;(10) ×;(11) ×;(12) ×;(13) √;(14) √;(15) √;(16) √。

3. 填空题

(1) 两侧面，上下面;(2) 同一素线上;(3) 键宽，键长、A、周;(4) 轮毂长，轴径;(5) 方便，削弱较大;(6) 大径，中径，小径;(7) 三角，60°，1，螺纹公称直径，螺纹长度;(8) 降低，提高;(9) 螺纹，光;(10) 摩擦防松，机械防松，破坏螺旋副运动关系防松，弹簧垫圈，止动垫圈，黏结;(11) 联接件的残余预紧力，轴向工作拉力;(12) 60°，联接，30°，传动;(13) 小于;(14) 拉伸，扭剪;(15) 矩，三角。

4. 简答题（略）

5. 分析计算题（或实作题）

(1) $F_{max} = F_0 + \dfrac{C_b}{C_b + C_m}F = 4000\text{N} + \dfrac{2}{3} \times 2400\text{N} = 5600\text{N}$，$F_{min} = F_0 = 4000\text{N}$，

由于 $F_0 = F' + \dfrac{C_m}{C_b + C_m}F = 0 + \dfrac{1}{3}F$，将出现间隙，即

$F = 3F_0 = 3 \times 4000\text{N} = 12000\text{N}$。

(2) 许用拉应力 $[\sigma] = \dfrac{\sigma_S}{S} = \dfrac{640}{4}\text{MPa} = 160\text{MPa}$，

设每个螺栓所需要预紧力为 F_0，则 $F_0 fzi \geq K_s F_R$，故 $F_R \leq \dfrac{F_0 fzi}{K_s} = \dfrac{F_0 \times 0.2 \times 2 \times 2}{1.2} = \dfrac{2}{3}F_0$，由强度条件可知

$$F_0 \leq \dfrac{\pi d_1^2 [\sigma]}{4 \times 1.3} = \dfrac{\pi \times 13.835^2 \times 160}{4 \times 1.3}\text{N} = 18502\text{N}$$

故 $F_R \leq \dfrac{2}{3} \times 18502\text{N} = 12334.7\text{N}$。

(3) 1) 计算螺栓允许的最大预紧力 F_0。

由 $\sigma_{ca} \leq \dfrac{1.3F_0}{\dfrac{\pi d_1^2}{4}} \leq [\sigma]$ 得 $F_0 = \dfrac{[\sigma]\pi d_1^2}{4 \times 1.3}$

而题给条件式中 $[\sigma] = \dfrac{\sigma_S}{S} = \dfrac{360}{3}\text{MPa} = 120\text{MPa}$，则

$$F_0 = \frac{120 \times \pi \times 8.376^2}{4 \times 1.3} \text{N} = 5086.3\text{N}$$

2）计算连接允许的最大牵引力 F_{max}。

由 $2fF_0 = K_s F_{max}$，得

$$F_{max} = \frac{2fF_0}{K_s} = \frac{2 \times 0.15 \times 5086.3}{1.2}\text{N} = 1271.6\text{N}。$$

（4）1）确定平键尺寸。

由轴径 $d = 80\text{mm}$ 查得 A 型平键剖面尺寸 $b = 22\text{mm}$，$h = 14\text{mm}$。

参照毂长 $L = 150\text{mm}$ 及键长度系列选取键长 $L = 140\text{mm}$。

2）挤压强度校核计算。

$$\sigma_p = \frac{4T}{hld} = \frac{4 \times 2000 \times 10^3}{14 \times 118 \times 80}\text{MPa} = 60.53\text{MPa}$$

l——键与毂接触长度，即 $l = L - b = 140\text{mm} - 22\text{mm} = 118\text{mm}$

查得 $[\sigma_p] = 100 \sim 120\text{Pa}$，故 $\sigma_p \leq [\sigma_p]$，安全。

（5）图解如附图 10-1 所示。

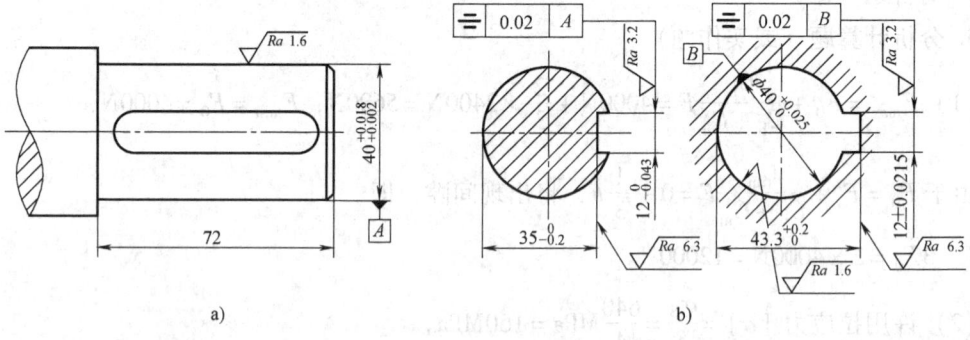

附图 10-1

a）轴　b）毂孔

（6）单个螺栓所受工作载荷：$F = 9817.5\text{N}$，单个螺栓所受总工作载荷：$F = 27488.9\text{N}$ 螺栓危险截面所受应力 $\sigma = 149.52\text{MPa}$，因 $\sigma < [\sigma] = 160\text{MPa}$，故螺栓强度满足要求。

第 11 章　带传动和链传动

1. 单项选择题

（1）A；（2）D；（3）B；（4）D；（5）A；（6）C；（7）C；（8）A；（9）C；（10）B；（11）B；（12）D；（13）A；（14）C；（15）A；（16）A；（17）C；（18）A；（19）B；（20）B；（21）C；（22）D。

2. 判断题（正确的划√，错误的划×）

（1）×；（2）√；（3）√；（4）√；（5）√；（6）√；（7）√；（8）×；（9）√；（10）√；（11）×；（12）√；（13）√；（14）×；（15）√；（16）√；（17）√；（18）×；（19）√；（20）×。

3. 填空题

(1) 较大；(2) 弹性滑动；(3) 摩擦；(4) 松边，单向，小，大；(5) 小于，大；(6) 防止弯曲应力过大，导致整体结构尺寸过大；(7) 整个；(8) 拉应力，离心拉应力，弯曲应力，$\sigma_1+\sigma_c+\sigma_b$，带的紧边开始绕上小带轮，疲劳；(9) 易打滑，带的磨损加剧、轴向力大；(10) 小带；(11) Y；(12) 增大初拉力；(13) 铸铁；(14) $z_1=z_2$，且中心距等于链节距的整数倍；(15) 链速，链号；(16) 大，高，小；(17) 越高，越大，越少；(18) 水平，铅垂，倾斜；(19) 紧，松；(20) 小链轮转速，额定功率；(21) 链轮轮齿与链节的啮合。

4. 简答题（略）

5. 分析计算题（或实作题）

(1) 略。

(2) 1) 有效圆周力 F_e。$F_e=\dfrac{1000P}{v}=\dfrac{1000\times 7.5}{10}\text{N}=750\text{N}$

2) 紧边拉力 F_1 与松边拉力 F_2。

$$F_1-F_2=F_e=750\text{N}$$
$$(F_1+F_2)/2=F_0=1125\text{N}$$

联解以上两式，可得 $F_1=1500\text{N}$，$F_2=750\text{N}$

(3) $F_1/F_2=e^{f\alpha}=e^{0.25\times(135/57.3)}=1.8023$

$v=\pi d_1 n_1/(60\times 1000)=[\pi\times 200\times 1800/(6\times 10^4)]\text{m/s}=18.85\text{m/s}$

$F_e=P/v=(4.7/18.85)\text{kN}=0.24934\text{kN}=249.34\text{N}$

$F_e=F_1-F_2=e^{f\alpha}\times F_2-F_2=0.8023F_2$

$F_2=F_e/0.8023=249.34\text{N}/0.8023=310.78\text{N}$

$F_1=1.8023F_2=560.12\text{N}$

(4)～(5) 略。

(6) $L_p=\dfrac{2a_0}{p}+\dfrac{z_2+z_1}{2}+\dfrac{p}{a_0}\left(\dfrac{z_2-z_1}{2\pi}\right)^2=131.2$，取 $L_p=132$

查表得 $K_A=1$，$K_Z=1.11$，$K_m=1$，$P_0=5\text{kW}$，则由 $P_0\geqslant\dfrac{K_A P}{K_Z K_m}$ 得

$P\leqslant\dfrac{P_0 K_Z k_m}{pK_A}=5.6\text{kW}$

$v=\dfrac{n_1 z_1 p}{60\times 1000}=4.17\text{m/s}$

$F_t=\dfrac{1000P}{v}=1344\text{N}$

(7) 查表得 $F_Q=13.8\text{kN}$

$v=\dfrac{n_1 z_1 p}{60\times 1000}=0.6\text{m/s}$

$$F_t = \frac{1000P}{v} = 1666.7\text{N}$$

$$S = \frac{F_Q m}{K_A F_t} = 6.4 \geqslant 4 \quad \text{故静强度足够。}$$

(8) 略。

第 12 章　齿轮传动

1. 单项选择题

(1) C；(2) A；(3) C；(4) C；(5) B；(6) A；(7) C；(8) B；(9) B；(10) C；(11) A；(12) D；(13) D；(14) A；(15) C。

2. 判断题（正确的划√，错误的划×）

(1) √；(2) ×；(3) ×；(4) ×；(5) √；(6) √；(7) √；(8) ×；(9) ×；(10) ×；(11) ×；(12) √；(13) √；(14) √；(15) √；(16) √；(17) ×；(18) ×；(19) ×；(20) √；(21) √；(22) √。

3. 填空题

(1) 模数；(2) 相等，不相等，不相等；(3) 较少，模数 m；(4) 展成、仿形；(5) 为了便于安装，保证齿轮的接触宽度；(6) 2；(7) 相切、不同；(8) 不变；(9) 不相；(10) ①中心距不变，增大模数，减小齿数；②增大压力角；③采用正变位；(11) ①$m_{n1} = m_{n2}$，②$\alpha_{n1} = \alpha_{n2}$，③$\beta_1 = -\beta_2$（等值反向）；(12) 要硬，要韧；(13) 齿面磨损，齿根弯曲疲劳折断；(14) 齿面疲劳点蚀，轮齿弯曲疲劳折断；(15) 对其进行抗弯曲疲劳强度计算，并采用适当加大模数的方法来考虑磨粒磨损的影响；(16) 接触疲劳，弯曲疲劳，分度圆直径 d_1、d_2；(17) 模数、压力角；(18) 法向模数，大端模数。

4. 简答题（略）

5. 分析计算题（或实作题）

(1) $z_1 = 18$，$z_2 = 54$，$r_1 = 36\text{mm}$，$r_2 = 108\text{mm}$，$r_{a1} = 40\text{mm}$，$r_{a2} = 112\text{mm}$，$r_{f1} = 31\text{mm}$，$r_{f2} = 103\text{mm}$，$r_{b1} = 33.8\text{mm}$，$r_{b2} = 101.5\text{mm}$。

(2) $\alpha_\text{分} = 20°$，$\alpha_\text{顶} = 28.24°$，$\rho_\text{分} = 20.52\text{mm}$，$\rho_\text{顶} = 30.28\text{mm}$。

(3) 1) $\alpha_k = 29.84°$，$\rho_k = 32.34\text{mm}$；2) $r = 60\text{mm}$，$\rho = 20.52\text{mm}$；3) $\alpha_b = 0°$，$\rho_b = 0$。

(4) $m = 4\text{mm}$；$d = mz = 4 \times 20\text{mm} = 80\text{mm}$；$d_b = d\cos20° = 75.2\text{mm}$；$d_a = m(z + 2h_a^*) = 88\text{mm}$；

$d_f = m(z - 2h_a^* - 2c^*) = 70\text{mm}$；$h = m(2h_a^* + c^*) = 9\text{mm}$；$s = 6.28\text{mm}$。

(5) 根据给定的传动比 i，可计算从动轮的齿数，即 $z_2 = iz_1 = 3.5 \times 20 = 70$。
已知齿轮的齿数 z_2 及模数 m，可以计算从动轮各部分尺寸，即

分度圆直径 $d_2 = mz_2 = 2 \times 70\text{mm} = 140\text{mm}$；

齿顶圆直径 $d_{a2} = (z_2 + 2h_a^*)m = (70 + 2 \times 1)2\text{mm} = 144\text{mm}$；

齿根圆直径 $d_{f2} = (z_2 - 2h_a^* - 2c^*)m = (70 - 2 \times 1 - 2 \times 0.25)2\text{mm} = 135\text{mm}$；

全齿高 $h = (2h_a^* + c^*)m = (2 \times 1 + 0.25)2\text{mm} = 4.5\text{mm}$；

中心距 $a = 90\text{mm}$。

(6) $d_1 = 92\text{mm}$, $d_2 = 180\text{mm}$, $d_{b1} = 86.5\text{mm}$, $d_{b2} = 169.1\text{mm}$, 节圆直径 $d_1' = 99.9\text{mm}$, $d_2' = 183.8\text{mm}$, $a' = 141.9\text{mm}$。

(7) 附图 12-1 所示。

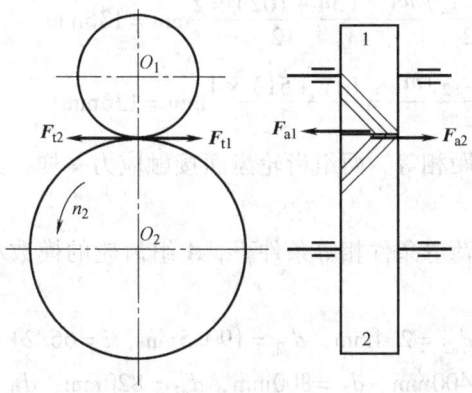

附图 12-1

(8) 如附图 12-2 所示。
(9) 如附图 12-3 所示。

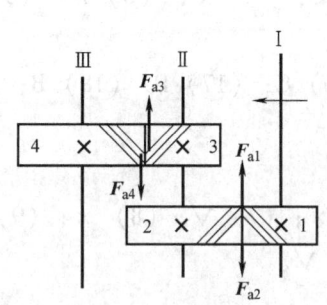

附图 12-2

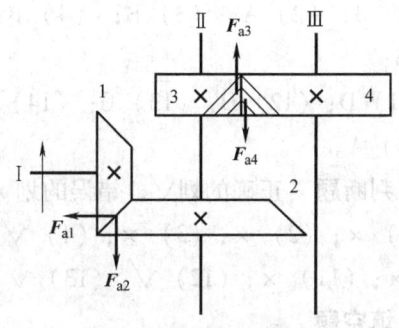

附图 12-3

(10) ~ (12) 略。

(13) 1) 因两对齿轮传递的 P_1 和 n_1 相等，故主动轴上的转矩也应相等，即

$$T_1 = 9.55 \times 10^6 P_1/n_1 = (9.55 \times 10^6 \times 13/200) \text{N} \cdot \text{mm} = 620750 \text{N} \cdot \text{mm}$$

2) 计算 $\beta = 9°$ 的齿轮传动的轴向力，即

$$F_{t1} = \frac{2T_1}{d_1} = 2 \times 620750 \times \frac{\cos\beta}{m_n z_1}$$

$$= \left[2 \times 620750 \times \frac{\cos 9°}{4 \times 60} \right] \text{N} = 5109 \text{N}$$

$F_{a1} = F_{t1} \tan\beta = 5109\text{N} \times \tan 9° = 809\text{N} = F_{a2}$

3) 计算 $\beta = 18°$ 的齿轮传动的轴向力，即

$$F'_{t1} = \frac{2T_1}{d_1} = \frac{2T_1\cos\beta}{m_n z_1} = \frac{2 \times 620750 \times \cos18°}{4 \times 60}\text{N} = 4920\text{N}$$

$$F'_{a1} = F'_{t1}\tan\beta = 4920\text{N} \times \tan18° = 1599\text{N} = F'_{a2}$$

(14) 从题中给定数据，可算得两组齿轮的中心距 a_A、a_B，即

A 组齿轮 $\quad a_A = \dfrac{(z_{A1}+z_{A2})m_A}{2} = \dfrac{(34+102)\times 2}{2}\text{mm} = 136\text{mm}$

B 组齿轮 $\quad a_B = \dfrac{(z_{B1}+z_{B2})m_B}{2} = \dfrac{(17+51)\times 4}{2}\text{mm} = 136\text{mm}$

1) 因两组齿轮的中心距相等，两组齿轮齿面接触应力一样，又因二者许用接触应力一样，故接触强度相等。

2) 在中心距与所受载荷等条件相等条件下，A 组齿轮的模数小，弯曲应力大，故弯曲强度低。

(15) $m=3$，$z_2=66$，$d_{a2}=204\text{mm}$，$d_{f2}=190.5\text{mm}$，$i=66/24=2.75$。

(16) $m=10\text{mm}$，$d_1=400\text{mm}$，$d_2=800\text{mm}$，$d_{a2}=820\text{mm}$，$d_{f1}=375\text{mm}$，$d_{f2}=800-2\times 1.25m=775\text{mm}$，$a=600\text{mm}$，$p=31.4\text{mm}$。

第13章 蜗杆传动

1. 单项选择题

(1) B；(2) A；(3) B；(4) B；(5) D；(6) C；(7) C；(8) A；(9) C；(10) B；(11) D；(12) D；(13) C；(14) C；(15) B；(16) C；(17) B；(18) B；(19) A；(20) A。

2. 判断题（正确的划√，错误的划×）

(1) ×；(2) ×；(3) ×；(4) √；(5) ×；(6) ×；(7) √；(8) ×；(9) √；(10) ×；(11) ×；(12) √；(13) √；(14) √；(15) √。

3. 填空题

(1) 880N，1800N；(2) 小；(3) $\gamma \leqslant \varphi_v$；(4) 80℃；(5) 增大；(6) 与其旋转方向相反，指向圆心；(7) 啮合功率损耗，轴承摩擦功耗，搅油功耗；(8) 增加，提高；(9) mq，mz_2；(10) 多，1；(11) 点蚀，胶合；(12) 端面模数，轴向压力角，螺旋，相同；(13) 通过蜗杆轴线且垂直于蜗轮轴线；

4. 简答题（略）

5. 分析计算题（或实作题）

(1) 蜗杆减速器在既定工作条件下的油温为

$$t = t_0 + \frac{1000P_1(1-\eta)}{\alpha_s A} = 20℃ + \frac{1000\times 7.5\times(1-0.82)}{8.15\times 1.2}℃ = 138℃$$

因 $t>80℃$，所以该减速器不能连续工作。

(2) 1) 蜗轮的转向如附图 13-1 所示。

2)计算蜗杆蜗轮上所受的力,即

$T_2 = T_1 i_{12} \eta = T_1 \dfrac{z_2}{z_1} \eta$

$\quad = 25000 \times \dfrac{54}{2} \times 0.75 \text{N} \cdot \text{mm}$

$\quad = 506250 \text{N} \cdot \text{mm}$

$d_1 = mq = 4 \times 10 \text{mm} = 40 \text{mm}$

$d_2 = mz_2 = 4 \times 54 \text{mm} = 216 \text{mm}$

$F_{t1} = F_{a2} = \dfrac{2T_1}{d_1} = \dfrac{2 \times 25000}{40} \text{N} = 1250 \text{N}$

$F_{a1} = F_{t2} = \dfrac{2T_2}{d_2} = \dfrac{2 \times 506250}{216} \text{N} = 4687.5 \text{N}$

$F_{r1} = F_{r2} = F_{t2} \tan\alpha = 4687.5 \text{N} \times \tan 20° = 1706 \text{N}$

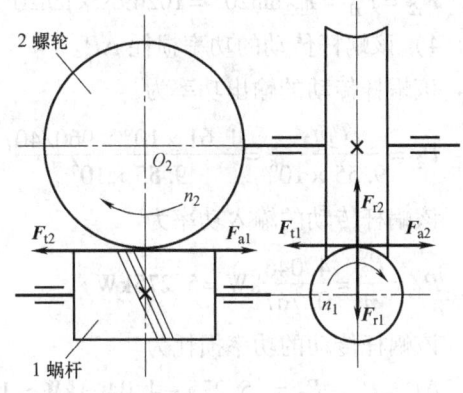

附图 13-1

3)蜗杆、蜗轮受力的方向如附图 13-1 所示。

(3)1)蜗杆的转向、蜗轮轮齿的旋向及作用于蜗杆、蜗轮上诸力的方向均如附图 13-2 所示。

2)蜗杆传动的啮合效率及总效率。

蜗杆直径系数 $q = d_1/m = 80/8 = 10$

蜗杆导程角为

$\gamma = \arctan \dfrac{z_1}{q} = \arctan \dfrac{1}{10} = 5.711° = 5°42'38''$

传动的啮合效率为 $\eta_1 = \dfrac{\tan\gamma}{\tan(\gamma + f_v)} = 0.79$

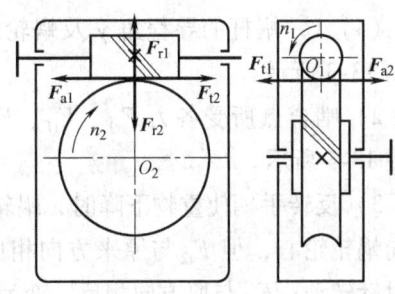

附图 13-2

蜗杆传动的总效率为

$\eta = \eta_1 \eta_2 \eta_3^2 = 0.79 \times 0.99 \times 0.99^2 = 0.767$

3)蜗杆和蜗轮啮合点上的各力。

由已知条件可求得

$d_2 = mz_2 = 8 \times 40 \text{mm} = 320 \text{mm}$

$i = z_2/z_1 = 40/1 = 40$

因 $T_2' = 1.61 \times 10^6 \text{N} \cdot \text{mm}$ 是蜗轮轴输出转矩,因此蜗轮转矩和蜗杆转矩分别为

$T_2 = \dfrac{T_2'}{\eta_3 \eta_2} = \dfrac{1.61 \times 10^6}{0.99 \times 0.99} \text{N} \cdot \text{mm} = 1.643 \times 10^6 \text{N} \cdot \text{mm}$

$T_1 = \dfrac{T_2}{i\eta_1} = \dfrac{1.643 \times 10^6}{40 \times 0.79} \text{N} \cdot \text{mm} = 51994 \text{N} \cdot \text{mm}$

啮合点上各作用力的大小为

$F_{t2} = F_{a1} = \dfrac{2T_2}{d_2} = \dfrac{2 \times 1.643 \times 10^6}{320} \text{N} = 10269 \text{N}$

$F_{a2} = F_{t1} = \dfrac{2T_1}{d_1} = \dfrac{2 \times 51994}{80} \text{N} = 1300 \text{N}$

$F_{r2} = F_{r1} = F_{t2}\tan 20° = 10269\text{N} \times \tan 20° = 3738\text{N}$

4）该蜗杆传动的功率损耗 ΔP。

该蜗杆传动的输出功率为

$$P_2 = \frac{T'_2 n_2}{9.55 \times 10^6} = \frac{1.61 \times 10^6 \times 960/40}{9.55 \times 10^6}\text{kW} = 4.046\text{kW}$$

该蜗杆传动的输入功率为

$$P_1 = \frac{P_2}{\eta} = \frac{4.046}{0.767}\text{kW} = 5.275\text{kW}$$

该蜗杆传动的功率损耗为

$\Delta P = P_1 - P_2 = (5.275 - 4.046)\text{kW} = 1.229\text{kW}$

5）该蜗杆 5 年中消耗于功率损耗上的费用。

按题中给出条件，每度电按 0.5 元计算，则

$D = t_h \Delta P \times 0.5 = (5 \times 300 \times 8 \times 2) \times 1.222 \times 0.5 \text{元} = 14664 \text{元}$

仅从上述消耗于功率损耗上的电费看，5 年要耗损一万余元，可见提高蜗杆传动效率的重要性。

（4）1）蜗杆的导程角 γ 及蜗轮的螺旋角均为右旋，如附图 13-3 所示。

2）啮合点所受各力 F_{r1}、F_{t1}、F_{a1} 及 F_{r2}、F_{t2}、F_{a2} 均如附图 13-3 所示。

3）反转手柄使重物下降时，蜗轮上所受的 F_{r2} 不变，仍指向蜗轮轮心；但 F_{t2} 与原来方向相反（即向左）推动蜗轮逆时针转动；F_{a2} 与原方向相反，变为指向纸面。

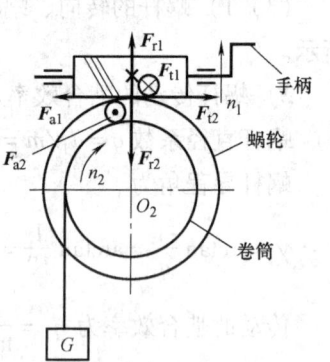

附图 13-3

（5）$q = 10$，$d_2 = mz_2 = 320\text{mm}$，$d_{a1} = m(q+2) = 96\text{mm}$，$d_{a2} = m(z_2+2) = 338\text{mm}$，$d_{f1} = m(q-2.4) = 60.8\text{mm}$，$d_{f2} = m(z_2-2.4) = 300.8\text{mm}$，$a = 200\text{mm}$。

（6）$z_2 = 40$、$d_2 = 160\text{mm}$、$d_{a2} = 168\text{mm}$、$d_{f2} = 150.4\text{mm}$、$\beta = 11.31°$。

（7）如附图 13-4 所示。

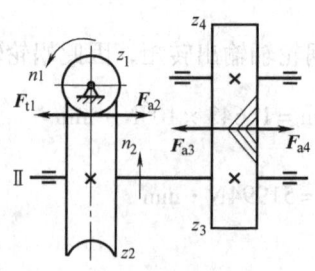

附图 13-4

（8）如附图 13-5 所示。

（9）略。

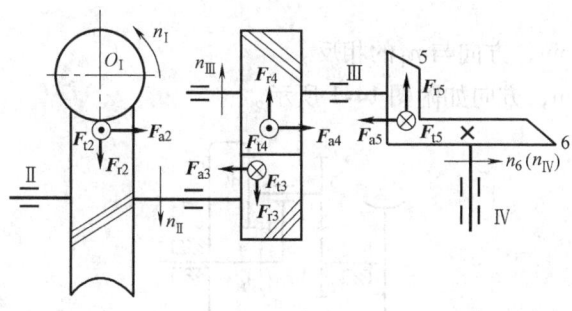

附图 13-5

第 14 章 轮系

1. 单项选择题

(1) A；(2) C；(3) D；(4) B；(5) B；(6) D；(7) C；(8) B。

2. 判断题（正确的划√，错误的划×）

(1) √；(2) ×；(3) √；(4) √；(5) √；(6) ×；(7) √；(8) ×；(9) ×；(10) √；(11) ×；(12) ×；(13) ×；(14) √。

3. 填空题

(1) 定轴轮系，周转轮系；(2) 当轮系运动时，各轮轴线位置固定不动的轮系；(3) 行星轮，太阳轮，系杆；(4) 固定；(5) 几何轴线，齿轮；(6) 较大，较大；(7) 首末，转速；(8) 从动轮，传动比；(9) 从动轮，主动轮；(10) 较大，较远；(11) 变速，变向；(12) 合成，分解；(13) 主动件；(14) 紧凑、轻。

4. 简答题（略）

5. 分析计算题（或实作题）

(1) $z_4 = 40$。

(2) $n_H = 75 \text{r/min}$。

(3) 3-4-5-H 组成行星轮系，其传动比为

$$i_{35}^H = \frac{n_3 - n_H}{n_5 - n_H} = \frac{n_3 - n_H}{0 - n_H} = -\frac{z_5}{z_3} = -4, \text{ 得 } n_3 = 5n_H$$

1-2 组成定轴轮系，其传动比为 $i_{12} = \frac{n_1}{n_2} = \frac{n_1}{n_H} = -\frac{z_2}{z_1} = -2$，得 $n_H = -500 \text{r/min}$，

故轴 II 的转速 $n_{II} = n_3 = -2500 \text{r/min}$，与轴 I 转动方向相反。

(4) 1) 转化轮系传动比公式为 $i_{13}^H = \frac{n_1^H}{n_3^H} = \frac{n_1 - n_H}{n_3 - n_H} = \frac{n_1 - n_H}{0 - n_H} = \frac{z_2 z_3}{z_1 z_2'} = \frac{17 \times 45}{17 \times 30} = 1.5$

2) $n_H = \frac{n_1}{i_{1H}^H} = \frac{n_1}{1 - i_{13}^H} = \frac{200}{1 - 1.5} \text{r/min} = \frac{200}{-0.5} \text{r/min} = -400 \text{r/min}$，$n_H$ 与 n_1 的转向相反。

(5) 将该传动装置反转（$-n_B$），转化后的轮系为定轴轮系，其传动比为

$i_{16}^B = \frac{n_1 - n_B}{n_6 - n_B} = -\frac{z_2 \times z_4 \times z_6}{z_1 \times z_3 \times z_5} = -\frac{30 \times 40 \times 120}{60 \times 30 \times 40} = -2$，所以 $n_B = 6.5 \text{r/min}$，方向与 n_1 的

相同。

(6) $n_H = 631.6 \text{r/min}$，方向与 n_1 的相反。

(7) $n_H = 6.53 \text{r/min}$，方向如附图 14-1 所示。

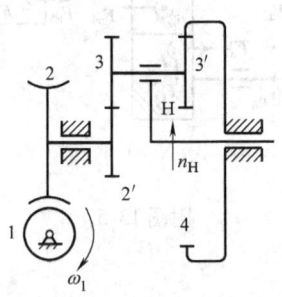

附图 14-1

第 15 章 轴

1. 选择题

(1) B；(2) B；(3) A；(4) C；(5) B；(6) A；(7) A；(8) C；(9) A；(10) D；(11) B；(12) A；(13) B；(14) C。

2. 判断题（正确的划√，错误的划×）

(1) ×；(2) ×；(3) ×；(4) ×；(5) √；(6) √；(7) ×；(8) ×；(9) ×；(10) ×。

3. 填空题

(1) 心轴，转轴，传动轴；(2) 直轴，曲轴，挠性轴；(3) 螺纹退刀；(4) 碳素；(5) 阶梯；(6) 转轴；(7) 轴端；(8) 倒角；(9) 轴向；(10) 转动；(11) 越程；(12) 套筒。

4. 简答题（略）

5. 分析计算题（或实作题）

(1) a) 轴上零件轴向、周向均未固定；b) 轴上零件无法轴向固定（$r>c$）；c) 轴上零件无法装配，应将一处轴肩改为套筒；d) 装有轮毂的轴段长度应比轮毂宽度短，轴上零件周向未固定。

正确的结构图如附图 15-1 所示。

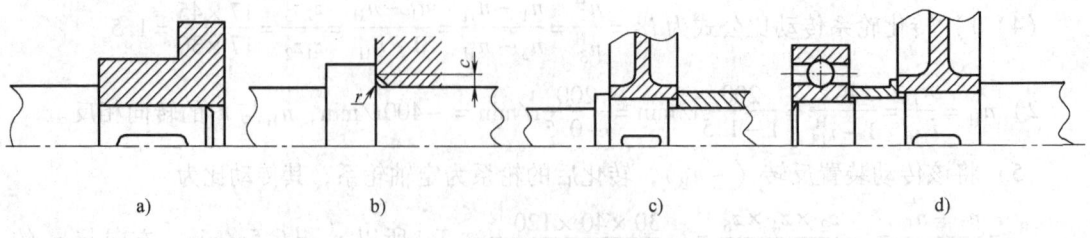

附图 15-1

(2) $x \leqslant 426\text{mm}$。

(3) 略。

(4) $d = 37.5\text{mm}$。

(5) $[\sigma] = 60\text{MPa}$，$\sigma = 50.9\text{MPa}$，故满足强度要求。

(6) 轴Ⅰ只受转矩，属于传动轴。轴Ⅱ既受弯矩，又受转矩，属于转轴。轴Ⅲ、Ⅳ只受弯矩，均为心轴。

(7) 如附图 15-2 所示。

1) 弹簧垫圈开口方向错误；2) 螺栓布置不合理，且螺纹孔结构表示错误；3) 轴套过高，超过轴承内圈定位高度；4) 齿轮所在轴段过长，出现过定位现象，轴套定位齿轮不可靠；5) 键过长，轴套无法装入；6) 键顶面与轮毂接触；且两键未在同一母线上；7) 轴与端盖直接接触，且无密封圈；8) 箱体的加工面未与非加工面分开，且无调整垫片；9) 重复定位轴承；10) 齿轮油润滑，轴承脂润滑无挡油盘；11) 悬伸轴加工面过长，装配轴承不便；12) 应减小轴承盖加工面。

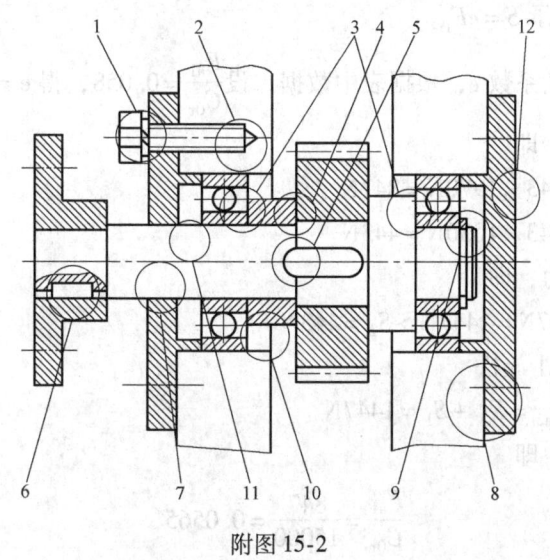

附图 15-2

第 16 章　轴承

1. 单项选择题

(1) A；(2) B；(3) C；(4) B；(5) A；(6) B；(7) A；(8) B；(9) C；(10) D；(11) B；(12) C；(13) A；(14) B；(15) A；(16) C；(17) C；(18) A；(19) A。

2. 判断题（正确的划√，错误的划×）

(1) √；(2) ×；(3) √；(4) ×；(5) ×；(6) √；(7) ×；(8) √；(9) √；(10) ×；(11) √；(12) ×；(13) ×。

3. 填空题

(1) 固体；(2) 减摩；(3) 滚子；(4) 游隙；(5) 标准；(6) 浇注；(7) 向心；(8)

磨损；（9）滚动体；（10）不受；（11）内径；（12）热套；（13）两端游动；（14）外圈；（15）保持架；（16）推力。

4. 简答题（略）

5. 分析计算题（或实作题）

（1）当量动载荷 $P = F_r = 7150\text{N}$，

所需基本额定动载荷 $C \geq \left[\dfrac{nL'_h}{16670}\right]^{\frac{1}{\varepsilon}} \times P = \left(\dfrac{1800 \times 3800}{16670}\right)^{\frac{1}{3}} \times 7150\text{N} = 53131\text{N}$。

（2）1）$S_1 = 182.5\text{N}$，$S_2 = 554.7\text{N}$（内部轴向力相对）。

2）$F_{a1} = 700.7\text{N}$，$F_{a2} = 554.7\text{N}$，$P_1 = 2032\text{N}$，$P_2 = 2662.5\text{N}$，$L_{h1} = 592016\text{h}$，$L_{h2} = 240500\text{h}$。

（3）$S_1 = 1200\text{N}$，$S_2 = 2800\text{N}$（内部轴向力相背），$F_{a1} = 12640\text{N}$，$F_A = F_{a1} - S_2 = 9840\text{N}$，$F_{a2} = S_2 = 2800\text{N}$。

（4）采用一对 7206C 轴承反装，查表得 $C_r = 23000\text{N}$，$C_{0r} = 15000\text{N}$。

查表得 7000C 型轴承 $S = eF_r$。

1）试算法。取判断系数 e，根据表中数据，设 $\dfrac{F_{a1}}{C_{0r}} = 0.058$，得 $e = 0.43$。

2）求附加轴向力，即

$S_1 = 0.43 \times F_{r1} = 0.43 \times 1970\text{N} = 847\text{N}$

$S_2 = 0.43 \times F_{r2} = 0.43 \times 1030\text{N} = 443\text{N}$

3）求轴承的轴向力，即

$F_A + S_1 = 600\text{N} + 847\text{N} = 1447\text{N} > S_2 = 443\text{N}$

轴承 II 压紧，轴承 I 放松

$F_{a1} = S_1 = 847\text{N}$，$F_{a2} = F_A + S_1 = 1447\text{N}$

4）求当量动载荷，即

$$\dfrac{F_{a1}}{C_{0r}} = \dfrac{847}{15000} = 0.0565$$

轴承 I 查表与前面假设 $e = 0.058$ 相近。

e 插入求值，则

$$e = 0.4 + \dfrac{0.43 - 0.4}{0.058 - 0.029} \times (0.0565 - 0.029) = 0.428$$

$$\dfrac{F_{a1}}{F_{r1}} = \dfrac{847}{1970} = 0.43 > e = 0.428$$

$$X_1 = 0.44, Y_1 = 1.40 + \left(\dfrac{1.3 - 1.4}{0.43 - 0.4}\right) \times (0.428 - 0.4) = 1.307$$

$$P_{\text{I}} = f_p(0.44 \times F_{r1} + 1.307 \times F_{a1})$$

$$= 1.1 \times (0.44 \times 1970 + 1.307 \times 847)\text{N} = 2171\text{N}$$

轴承 Ⅱ

$$\frac{F_{a2}}{C_{0r}} = \frac{1447}{15000} = 0.0965$$

$$e = 0.46 + \frac{0.47 - 0.46}{0.12 - 0.087} \times (0.0965 - 0.087) = 0.463$$

$$\frac{F_{a2}}{F_{r2}} = \frac{1447}{1030} = 1.405 > e = 0.463$$

取 $X_2 = 0.44$，$Y_2 = 1.23 + \left(\frac{1.19 - 1.23}{0.47 - 0.46}\right) \times (0.463 - 0.46) = 1.218$

$P_{\text{Ⅱ}} = f_P (x_2 F_{r2} + Y_2 F_{a2})$
　　$= 1.1 \times (0.44 \times 1030 + 1.218 \times 1447) \text{N} = 2437\text{N}$

因 $P_{\text{Ⅱ}} > P_{\text{Ⅰ}}$，轴承 Ⅱ 危险。

$$L_{10h} = \frac{16670}{n}\left(\frac{C}{P}\right)^3 = \frac{16670}{1000}\left(\frac{23000}{2437}\right)^3 = 14014\text{h}。$$

第 17 章　其他常用零部件

1. 单项选择题

(1) C；(2) C；(3) A；(4) A；(5) B；(6) C；(7) A；(8) A；(9) A；(10) B；(11) B；(12) A；(13) B；(14) A；(15) B。

2. 判断题（正确的划√，错误的划×）

(1) ×；(2) ×；(3) ×；(4) √；(5) √；(6) √；(7) ×；(8) ×；(9) √；(10) √；(11) ×；(12) √；(13) ×；(14) ×。

3. 填空题

(1) 不相等；(2) 补偿；(3) 无；(4) 对中；(5) 没有；(6) 拉伸；(7) 交叉；(8) 从动；(9) 停止；(10) 弹簧；(11) 弹性变形；(12) 打滑；(13) 离合器；(14) 综合；(15) 自动。

4. 简答题（略）

5. 分析计算题（或实作题）

(1) 1) 类型选择：为了隔离振动与冲击，选用弹性套柱销联轴器。

2) 确定计算转矩：公称转矩为

$$T = 9550\frac{P}{n} = 9550 \times \frac{11}{1460} \text{N} \cdot \text{m} = 71.95 \text{N} \cdot \text{m}$$

由表查得载荷系数 $K = 1.9$，故得计算转矩为

$$T_c = K \times T = 1.9 \times 71.95 \text{N} \cdot \text{m} = 136.71 \text{N} \cdot \text{m}$$

3) 型号选择：从 GB/T 4323—2002 中查得 LT6 型弹性套柱销联轴器的公称转矩为 250N·m，最大许用转速为 3800r/min，轴径为 32～42mm 之间，故合用。

4）标记：LT6 联轴器 $\dfrac{YC42 \times 112}{JC40 \times 84}$ GB/T 4323—2002

(2) 1) 确定计算转矩：$T = 9550 \dfrac{P}{n} = 9550 \times \dfrac{22}{970} \text{N} \cdot \text{m} = 216.6 \text{N} \cdot \text{m}$

由表查得载荷系数 $K = 1.7$，故得计算转矩为

$$T_c = K \times T = 1.7 \times 216.6 \text{N} \cdot \text{m} = 368.2 \text{N} \cdot \text{m}$$

2) 型号选择：

从 GB/T 5014—2003 中查得 LX4 型弹性柱销联轴器的公称转矩为 2500N·m，许用转速为 3870r/min，轴径为 40~63mm 之间，故合用。

3) 标记：LX4 联轴器 $\dfrac{YA55 \times 112}{ZC55 \times 84}$ GB/T 5014—2003

第18章　机械的平衡与调速

1. 单项选择题

(1) A；(2) B；(3) B；(4) A；(5) A；(6) B；(7) A；(8) D；(9) A。

2. 判断题（正确的划√，错误的划×）

(1) √；(2) ×；(3) √；(4) ×；(5) √；(6) ×；(7) ×。

3. 填空题

(1) 飞轮；(2) 不是；(3) 动；(4) 高；(5) 调速器；(6) 稳定运转。

4. 简答题（略）

5. 分析计算题（或实作题）

(1) $G_b = 159.8\text{N}$，逆时针 $\alpha_{Bb} = 121°44'$。

(2) 如附图 18-1 所示，挖去的质量应在 $m_b r_b$ 矢量的反方向，140mm 处挖去 1kg。

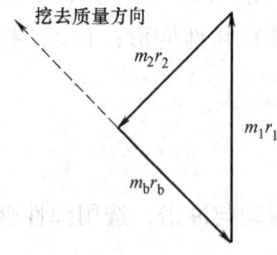

附图 18-1

(3) 1) $\omega_{\max} = 25.5 \text{rad/s}$，$\omega_{\min} = 24.5 \text{rad/s}$；2) $M_d = 200 \text{N} \cdot \text{m}$；3) $W_{\max} = 25\pi \text{J}$；4) $J_F = 3.14 \text{kg} \cdot \text{m}^2$。

(4) $P = \dfrac{9}{4} P_1 = \dfrac{3}{8} P_2$；$W_{\max} = \dfrac{15}{8}\pi P_1 = \dfrac{5}{16}\pi P_2$。

附录 B　机械设计基础自测试题

A 卷

一、单项选择题

1. 机器由（　　）机构组成。
   A. 1 个　　　B. 多个　　　C. 1 个或多个

2. （　　）是机器的制造单元。
   A. 机构　　　B. 构件　　　C. 零件

3. 只有（　　）接触的运动副是低副。
   A. 点　　　B. 线　　　C. 面　　　D. 点或线

4. 一个高副形成（　　）约束。
   A. 1 个　　　B. 2 个　　　C. 3 个　　　D. 6 个

5. 一力向新点作平行移动后，新点上有（　　）。
   A. 一个力　　　B. 一个力偶　　　C. 一个力和一个力偶

6. 机构的极位夹角 θ 越大，其（　　）。
   A. 传力性能越好　　B. 传力性能越差　　C. 急回性能越好　　D. 急回性能越差

7. 曲柄摇杆机构中，摇杆为主动件时，（　　）死点位置。
   A. 不存在　　　　　　　　　B. 曲柄与摇杆共线时为
   C. 曲柄与连杆共线时为

8. 凸轮机构中从动件采用等加速等减速运动规律有（　　）。
   A. 刚性冲击　　　　　　　　B. 柔性冲击（两处）
   C. 无冲击　　　　　　　　　D. 柔性冲击（三处）

9. 二力平衡公理和力的可传性原理适于（　　）。
   A. 任何物体　　B. 固体　　C. 弹性体　　D. 刚体

10. 渐开线上各点的压力角（　　）。
    A. 均相等且不等于零　　B. 不相等　　C. 均相等且等于 20°

11. 渐开线标准斜齿圆柱齿轮正常齿制不根切的最少齿数是（　　）。
    A. = 17　　　B. > 17　　　C. < 17　　　D. = 14

12. 已知 $\vec{F}_1$、$\vec{F}_2$、$\vec{F}_3$ 为作用于刚体上的平面汇交力系，其力系关系如图 A-1 所示，由此可知（　　）。

    A. 该力系的合力 $\vec{F}_R = 0$
    B. 该力系的合力 $\vec{F}_R = \vec{F}_3$
    C. 该力系的合力 $\vec{F}_R = 2\vec{F}_3$

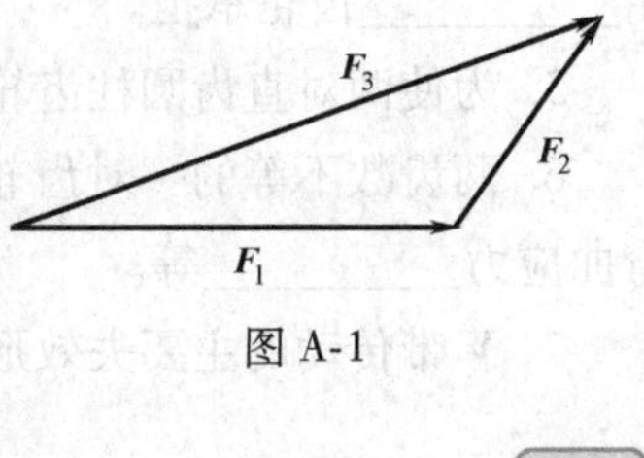

图 A-1

D. 该力系的合力 $\vec{F}_R = 3\vec{F}_3$

13. 内啮合斜齿圆柱齿轮的正确啮合条件是（　　）。

A. $m_{n1} = m_{n2}$，$\alpha_{n1} = \alpha_{n2}$，$\beta_1 = -\beta_2$　　B. $m_{n1} = m_{n2}$，$\alpha_{n1} = \alpha_{n2}$，$\Sigma = \delta_1 + \delta_2$

C. $m_{n1} = m_{n2}$，$\alpha_{n1} = \alpha_{n2}$，$\beta_1 = \beta_2$

14. 渐开线齿轮的连续传动条件是（　　）。

A. $\varepsilon \geqslant 1$　　　　B. $\varepsilon < 1$　　　　C. $\alpha = 20°$　　　　D. $\Sigma = \delta_1 + \delta_2 = 90°$

15. 闭式软齿面齿轮传动的主要失效形式是齿面点蚀，其次是轮齿折断，故设计准则为（　　）。

A. 按接触疲劳强度设计，弯曲疲劳强度校核

B. 按弯曲疲劳强度设计，接触疲劳强度校核

C. 按弯曲疲劳强度设计，然后将计算出的模数增大 10%~20%。

二、判断题（正确的划√、错误的划×）

（　）1. 机构的传动角越大，其传力特性越好。

（　）2. 扭转圆轴的同一横截面上，半径相同的点其切应力大小相同。

（　）3. 齿轮传动的传动比恒定。

（　）4. 将一个力分解成两个共点分力的结果是唯一的。

（　）5. 摆动导杆机构肯定有急回特性。

（　）6. 凸轮机构的等加速等减速运动是从动杆先作等加速上升，然后再作等减速下降完成的。

（　）7. 外齿轮上的齿顶圆压力角大于分度圆上的压力角。

（　）8. 若机构原动件数目与机构自由度相等，则机构一定能够运动，并且机构的运动一定是确定的。

（　）9. 渐开线圆柱齿轮的齿根圆一定大于基圆。

（　）10. 一力在某坐标轴上的投影为零，则该力的大小一定为零。

三、填空题

1. 两构件通过＿＿＿＿或＿＿＿＿接触组成的运动副称为高副。

2. 满足曲柄存在条件的铰链四杆机构，取与最短杆相邻的杆为机架时，为＿＿＿＿机构；取最短杆为机架时，为＿＿＿＿机构；取最短杆的对面杆为机架时，为＿＿＿＿机构。

3. 在凸轮机构中，常见的从动件运动规律为＿＿＿＿运动时，将出现刚性冲击。

4. 直齿圆柱齿轮作接触强度计算时，取＿＿＿＿处的接触应力为计算依据，其载荷由＿＿＿＿齿轮承担。

5. 为使两对直齿圆柱齿轮能正确啮合，它们的＿＿＿＿和＿＿＿＿必须分别相等。

6. 两齿数不等的一对齿轮传动，其弯曲应力＿＿＿＿等；两齿轮硬度不等，其许用弯曲应力＿＿＿＿等。

7. V 带传动的主要失效形式是＿＿＿＿和＿＿＿＿。

8. 在设计 V 带传动时，V 带的型号是根据_____和_____选取的。
9. 工作时只承受_____、不承受_____的轴称为心轴。
10. 带传动产生弹性滑动的原因是_____，产生打滑的原因是_____。
11. 平键的工作面是_____，楔键的工作面是_____。
12. 联轴器联接的两根轴只有当机器_____后方可拆卸，离合器联接的两根轴在_____中随时接合或分离。

四、分析计算题（或实作题）

1. 有一渐开线标准直齿圆柱齿轮，基圆半径 $r_b = 56.382$mm，分度圆压力角 $\alpha = 20°$。试求：

1）在 $r_k = 65$mm 的圆上，渐开线 K 点的压力角 α_k 及曲率半径 ρ_k；

2）分度圆半径 r 及渐开线分度圆处的曲率半径 ρ；

3）基圆上渐开线起始点的压力角 α_b 及曲率半径 ρ_b。

2. 四连杆机构在图 A-2 所示的位置平衡。已知：$OA = 60$cm，$BC = 40$cm，作用在杆 BC 上的力偶的力偶矩 $M_2 = 1$N·m，试求作用在 OA 上力偶的力偶矩大小 M_1 和杆 AB 所受的力（各杆重量不计）。

3. 计算图 A-3 所示机构的自由度，判定图示机构的运动是否确定（图中画有箭头的构件为原动件）。若有复合铰链、局部自由度和虚约束要明确指出。

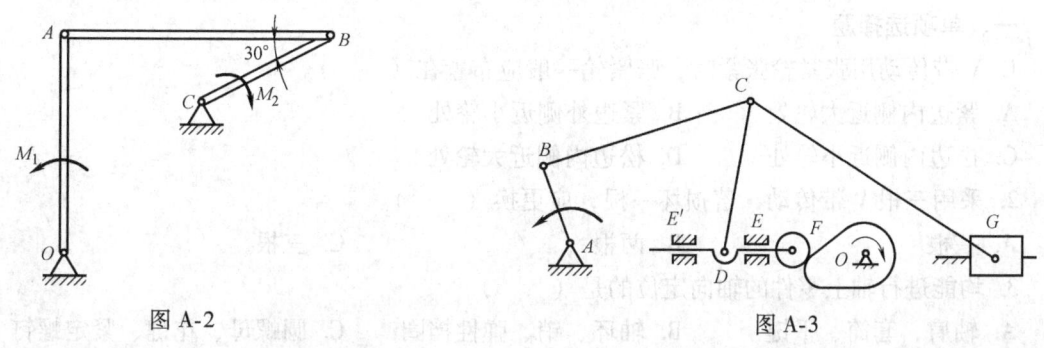

图 A-2　　　　　　　　　　　　　图 A-3

4. 试求图 A-4 所示阶梯杆横截面 1-1，2-2，3-3 上的轴力，并作轴力图。若截面 1 的横截面积 $A_1 = 100$mm²，截面 2 的横截面积 $A_2 = 200$mm²，截面 3 的横截面积 $A_3 = 300$mm²，求整个阶梯杆上横截面上的最大应力（绝对值），并说出其所在位置。

5. 试建立图 A-5 所示梁的剪力与弯矩方程，并画剪力图与弯矩图。

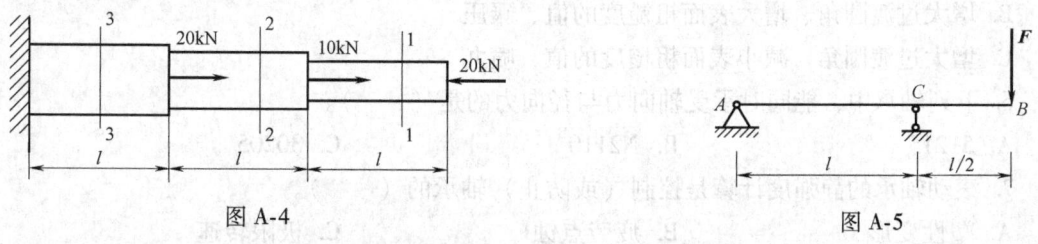

图 A-4　　　　　　　　　　　　　图 A-5

五、综合题

1. 根据图 A-6 中所注明的尺寸判定各铰链四杆机构的类型。

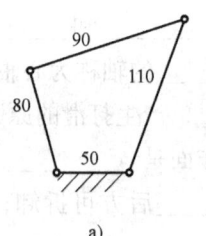
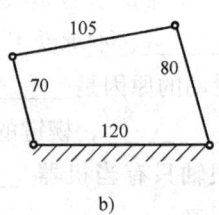

a)   b)

图 A-6

2. 如图 A-7 所示，不计杆件自重，画出杆 AB 的受力图。

3. 画出图 A-8 所示曲柄摇杆机构的极限位置，并标出摇杆摆角 ψ 和极位夹角 θ。

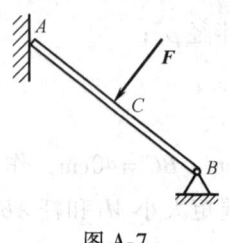
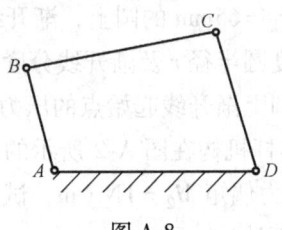

图 A-7   图 A-8

B 卷

一、单项选择题

1. V 带传动用张紧轮张紧时，张紧轮一般应布置在（　　）。
   A. 紧边内侧近大轮处　　B. 紧边外侧近小轮处
   C. 松边内侧近小轮处　　D. 松边内侧近大轮处

2. 采用三根 V 带传动，若损坏一根，应更换（　　）。
   A. 一根　　B. 两根　　C. 三根

3. 均能进行轴上零件的轴向定位的是（　　）。
   A. 轴肩、套筒、平键　　B. 轴环、销、弹性挡圈　　C. 圆螺母、花键、紧定螺钉

4. 只承受扭矩，不承受弯矩的轴称为（　　）。
   A. 心轴　　B. 传动轴　　C. 转轴

5. 下列方法中均可以提高轴的疲劳强度的是（　　）。
   A. 减小过渡圆角、减小表面粗糙度的值、喷丸
   B. 增大过渡圆角、增大表面粗糙度的值、碾压
   C. 增大过渡圆角、减小表面粗糙度的值、喷丸

6. 下列轴承中，能同时承受轴向力与径向力的是（　　）。
   A. 51215　　B. N2110　　C. 30205

7. 滚动轴承的静强度计算是控制（或防止）轴承的（　　）。
   A. 塑性变形　　B. 疲劳点蚀　　C. 极限转速

8. （　　）是固定式刚性联轴器。
   A. 凸缘联轴器　　B. 十字滑块联轴器　　C. 齿式联轴器

9. 采用螺纹联接时，若被联接件总厚度较大，且材料较软，强度较低，需要经常拆装的情况下，一般宜采用（　　）。

 A. 螺栓联接　　　　　B. 双头螺柱联接　　　　　C. 螺钉联接

10. 闭式硬齿面齿轮传动的主要失效形式是（　　）。

 A. 点蚀　　　　　　B. 塑性变形　　　　　　C. 轮齿折断

二、判断题（正确的划√错误的划×）

（　）1. 普通 V 带中的 A 型 V 带横截面积最小。

（　）2. 带传动的弹性滑动可以避免。

（　）3. 离合器只能在停车时才能接合与分离。

（　）4. 滚动轴承预紧的目的之一是提高轴承的旋转精度。

（　）5. 调心轴承应成对使用。

（　）6. V 带传动的张紧力越大越好。

（　）7. 当某一轴段需车制螺纹时，应留有退刀槽。

（　）8. 接触角 $\alpha = 90°$ 的滚动轴承不能承受轴向力。

（　）9. 蜗杆机构中，蜗轮的转向取决于蜗杆的旋向和蜗杆的转向。

（　）10. 若两个力大小相等，则这两个力就等效。

（　）11. 闭式软齿面齿轮传动应按接触疲劳强度设计、弯曲疲劳强度校核。

（　）12. 在轴的端部轴段（即轴的两头）只能用 C 型普通平键。

（　）13. 圆轴扭转时，横截面上切应力沿半径线性分布，并垂直于半径，最大切应力在外表面处。

（　）14. 弹性套柱销联轴器有缓冲吸振作用。

（　）15. 只受两个力作用的构件称为二力构件。

三、填空题

1. 对于具有两个整转副的铰链四杆机构，若取机构的_____为机架，则可获得双曲柄机构。

2. 在滚子从动件盘形凸轮机构中，若实际廓线变尖且压力角超过许用值，应采取的措施是_____。

3. 齿数为 z，螺旋角为 β 的斜齿圆柱齿轮的当量齿数 z_V = _____。

4. 以摇杆为原动件的曲柄摇杆机构中，死点位置发生在曲柄与连杆_____位置。

5. 在四铰链机构中，当不满足存在一个曲柄的必要条件时，均为_____机构。

6. 曲柄滑块机构存在曲柄的几何条件是_____。

7. 对心曲柄滑块机构_____急回特性。

8. 当齿轮的模数相等时，齿数越多，分度圆直径就越_____，齿廓渐开线就越_____，齿根也就越_____。

9. 在凸轮机构中，所谓偏距圆是指以_____所作的圆。

10. 一对渐开线斜齿圆柱齿轮正确啮合的条件是两齿轮的_____，_____及_____。

11. 在蜗杆传动中，引进直径系数 q 的目的是_____。

12. 在轴的初步计算中，轴的直径是按_____初步确定的。

13. 对于曲柄滑块机构，当曲柄处于_____的位置时，从动件滑块处的压力角出现极值。

14. 计算紧螺栓联接的拉伸强度时，考虑到拉伸和扭转的复合作用，应将拉伸载荷增大到原来的_____倍。

15. 工作时只传递扭矩的轴称为_____，传递扭矩又承受弯矩的轴称为_____。

四、分析计算题（或实作题）

1. 已知一对正确安装的标准渐开线正常齿轮的 $\alpha = 20°$，$m = 4\text{mm}$，传动比 $i_{12} = 3$，中心距 $a = 144\text{mm}$。试求两齿轮的齿数、分度圆半径、齿顶圆半径、齿根圆半径和基圆半径。

2. 图 B-1 所示的轮系中，各齿轮均为标准齿轮，且其模数均相等，已知各齿轮的齿数 $z_1 = 20$、$z_2 = 48$、$z_{2'} = 20$。试求齿数 z_3 及传动比 i_{1H}。

3. 组合梁及其受力情况如图 B-2 所示，梁的自重可忽略不计，试求 A、B、C、D 各处的约束反力。

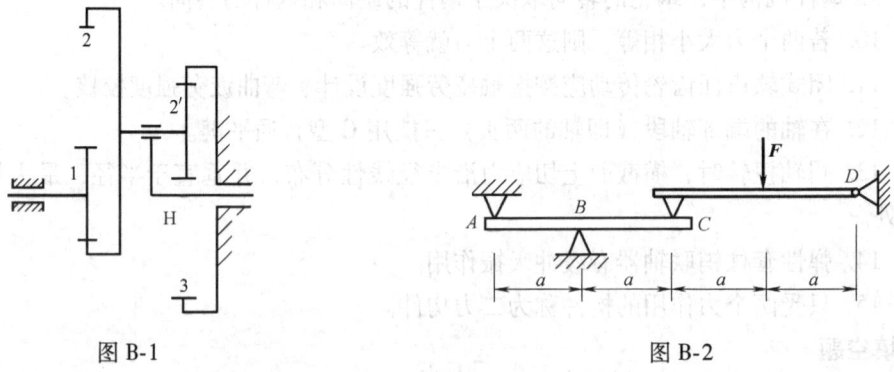

图 B-1   图 B-2

4. 轴承安装形式如图 B-3 所示。

1）已知：$F_{S2} + F_A > F_{S1}$ 或 $F_{S2} + F_A < F_{S1}$，求：轴承 Ⅰ、Ⅱ 上作用的轴向载荷。

2）已知：$F_{S1} > F_{S2}$；$F_A < F_{S1} - F_{S2}$，求：轴承 Ⅰ、Ⅱ 上作用的轴向载荷。

5. 计算图 B-4 所示机构的自由度。若有复合铰链、局部自由度和虚约束要明确指出。

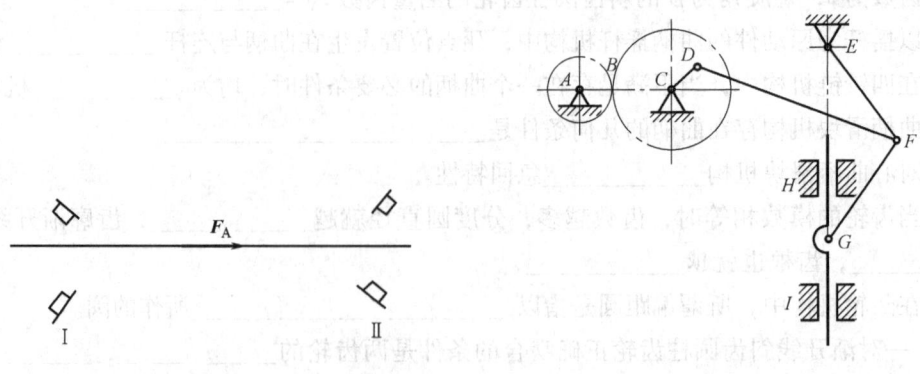

图 B-3   图 B-4

6. 图 B-5 所示矩形截面简支梁，承受均布载荷 q 的作用。已知 $q=2\text{kN/m}$，$l=3\text{m}$，$h=2b=240\text{mm}$。试求：截面横放（图 B-5b）和竖放（图 B-5c）时梁内的最大正应力，并加以比较。

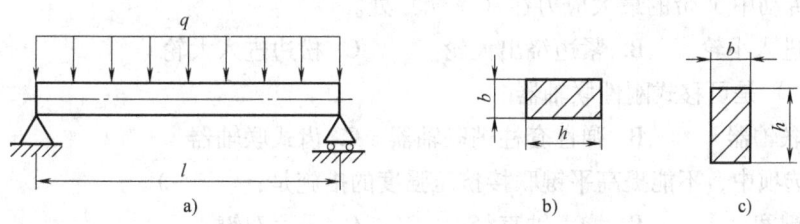

图 B-5

五、综合题

1. 如图 B-6 所示，试画出主动轮与从动轮在啮合点处所受到的各个作用力（F_t、F_r、F_a）的方向，图中标有箭头的为主动轮。

2. 试画出图 B-7 所示构件的受力图。

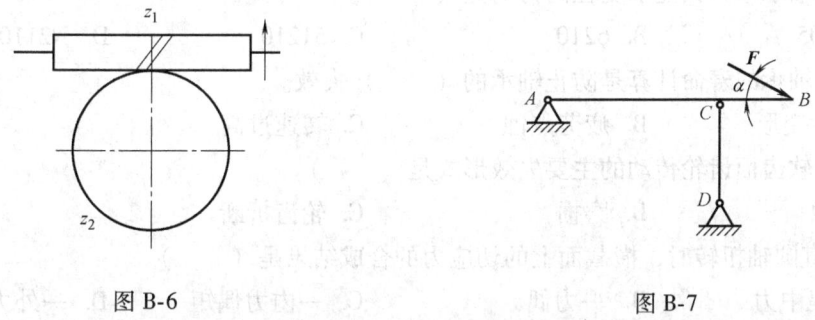

图 B-6　　　　　　　　　　　图 B-7

3. 图 B-8 所示轴系结构中，按示例 I 所示编号指出其他错误（不少于 7 处）。注：不考虑轴承的润滑方式以及图中的倒角和圆角。

示例：I 缺少调整垫片。

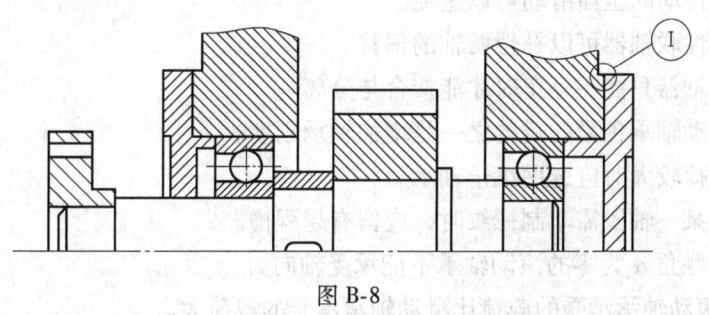

图 B-8

C 卷

一、单项选择题

1. 既承受弯矩又承受扭矩的轴称为（　　）。

A. 心轴　　　　　B. 传动轴　　　　　C. 转轴

2. V 带的基准长度 L_d 是带的（　　）。

A. 内周长度　　　B. 外周长度　　　　C. 节面的圆周长度

3. V 带传动中 V 带的最大应力在（　　）处。

A. 紧边进入小轮　B. 紧边绕出大轮　　C. 松边进入大轮

4. （　　）是可移式刚性联轴器。

A. 凸缘联轴器　　B. 弹性套柱销联轴器　C. 齿式联轴器

5. 下列选项中，不能提高平键联接挤压强度的措施是：（　　）。

A. 增大键宽　　　B. 增大轴直径　　　C. 采用双键

6. 下列方法中均可以提高轴的疲劳强度的是（　　）。

A. 减小过渡圆角、降低表面粗糙度的值、喷丸

B. 增大过渡圆角、增大表面粗糙度的值、碾压

C. 增大过渡圆角、表面淬火、喷丸

D. 减小过渡圆角、碾压、喷丸

7. 下列轴承中，只能承受径向力的是（　　）。

A. 30205　　　B. 6210　　　C. 51210　　　D. N2110

8. 滚动轴承的寿命计算是防止轴承的（　　）失效。

A. 塑性变形　　　B. 疲劳点蚀　　　C. 转速过高

9. 开式软齿面齿轮传动的主要失效形式是（　　）。

A. 点蚀　　　　　B. 磨损　　　　　C. 轮齿折断

10. 等直圆轴扭转时，横截面上的切应力的合成结果是（　　）。

A. 一集中力　　　B. 一力偶　　　C. 一内力偶矩　　D. 一外力偶矩

二、判断题（正确的划√错误的划×）

（　　）1. 普通 V 带中的 E 型 V 带横截面积最大。

（　　）2. 窄型 V 带有四种型号。

（　　）3. 带传动的全面滑动可以避免。

（　　）4. 弹性联轴器可以补偿两轴的偏移。

（　　）5. 联轴器只能在停车时才能接合与分离。

（　　）6. 滚动轴承预紧的目的之一是增加轴承刚度。

（　　）7. 载荷较大时应选用滚子轴承。

（　　）8. 当某一轴段需车制螺纹时，应留有越程槽。

（　　）9. 接触角 α 为零的滚动轴承不能承受轴向力。

（　　）10. 滚动轴承承受的载荷比滑动轴承承受的载荷大。

（　　）11. 固定是为了保证传动件在轴上有准确的安装位置。

（　　）12. 用压入法进行滚动轴承的外圈与座孔装配时，应使压力同时作用在轴承的内圈与外圈上。

（　　）13. 作用力与反作用力是一对平衡力。

（　）14. 二力平衡条件、加减平衡力系原理可以适用于变形体。
（　）15. 杆件所受的轴力 F_N 越大，横截面上的正应力 σ 越大。

三、填空题

1. 约束力的方向总是与物体被限制的运动方向_____。
2. 机构具有确定相对运动的条件是：机构的自由度数目_____主动件数目。
3. 机构处于压力角 $\alpha=90°$ 的位置时，称为机构的死点位置。对于曲柄摇杆机构，当曲柄为原动件时，机构_____死点位置；而当摇杆为原动件时，机构_____死点位置。
4. 杆件在外力的作用下产生的变形有轴向拉伸与压缩、_____、_____、_____。
5. 斜齿圆柱齿轮的重合度_____直齿圆柱齿轮的重合度，所以斜齿轮传动平稳，承载能力_____，可用于高速重载的场合。
6. 蜗杆传动的中间平面是指通过_____轴线并垂直于_____轴线的平面。
7. 轮系运动时，所有齿轮几何轴线都固定不动的，称为_____轮系，至少有一个齿轮几何轴线不固定的，称为_____系。
8. 轴的作用是支承轴上的旋转零件，传递运动和转矩，按轴的承载情况不同，可以分为_____、_____和_____。
9. 螺纹联接防松的目的是防止螺纹副的相对运动，按工作原理的不同有三种防松方式：_____防松、_____防松和_____防松。
10. 强度条件可解决工程上的三类问题：1)_____，2)_____，3)_____。
11. 普通平键的剖面尺寸（$b \times h$），一般应根据_____按标准选择。
12. 齿轮机构传动的主要失效形式是_____、_____、_____、和_____。

四、分析计算题（或实作题）

1. 在图 C-1 所示的传动装置中，已知：各轮齿数 $z_1=20$，$z_2=40$，$z_3=20$，$z_4=30$，$z_5=80$，运动从轴Ⅰ输入，轴Ⅱ输出，$n_Ⅰ=1000$ r/min，转动方向如图所示。试求输出轴Ⅱ的转速 $n_Ⅱ$ 及转动方向。
2. 在图 C-2 所示的结构中，两曲杆自重不计，曲杆 AB 上作用有主动力偶，其力偶矩为

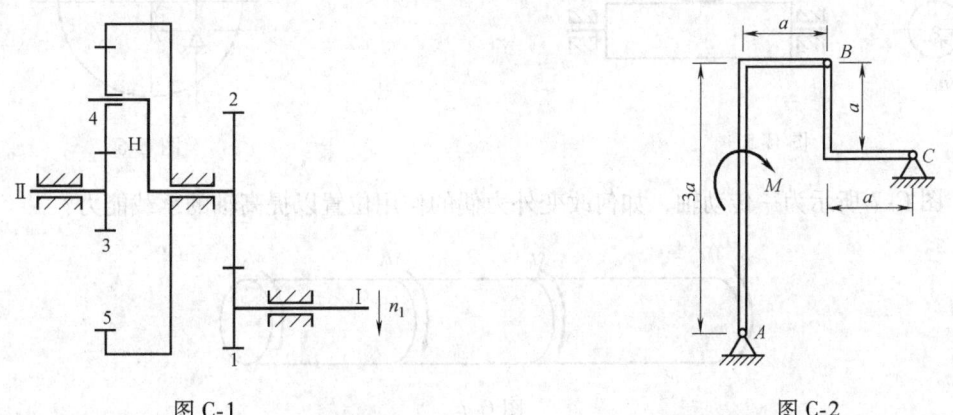

图 C-1　　　　　　　　　　　图 C-2

M，试求 A 和 C 点处的约束力。

3. 计算图 C-3 所示机构的自由度，判定图示机构的运动是否确定（图中画有箭头的构件为原动件）。若有复合铰链、局部自由度和虚约束要明确指出。

4. 图 C-4 所示为简易起重机，已知杆 AB 为圆截面钢杆，横截面积为 400mm^2，许用应力 $[\sigma_1]=160\text{MPa}$；杆 BC 为木杆，横截面面积为 6000mm^2，许用应力 $[\sigma_2]=8\text{MPa}$，杆 AB 为 4m，AC 距离为 3m。试求：最多能吊起的重物 G。

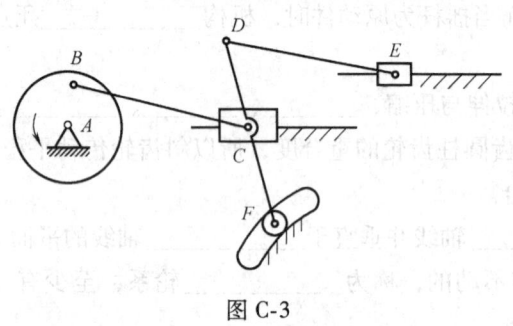

图 C-3

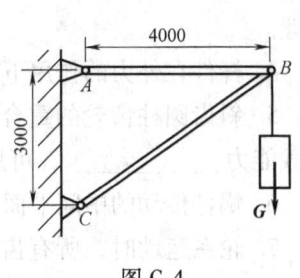

图 C-4

5. 一对外啮合标准直齿圆柱齿轮传动，测得其中心距 $a=160\text{mm}$。两齿轮的齿数分别为 $z_1=20$，$z_2=44$，试求两齿轮的主要几何尺寸。

五、综合题

1. 已知在某一级蜗杆传动中，蜗杆为主动轮，转动方向如图 C-5 所示，蜗轮的螺旋线方向为左旋。试将两轮的轴向力 F_{a1}、F_{a2}，圆周力 F_{t1}、F_{t2}，蜗杆的螺旋线方向和蜗轮的转动方向标在图中。

2. 图 C-6 所示为一移动滚子盘形凸轮机构，试在图中画出：1）基圆半径 r_0；2）理论轮廓线；3）实际轮廓线；4）行程 h；5）点 A 的压力角（直接在图上标注即可）。

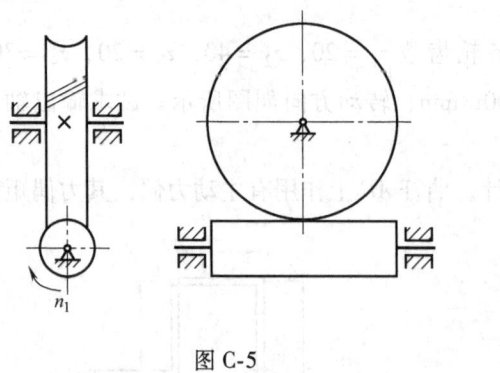

图 C-5

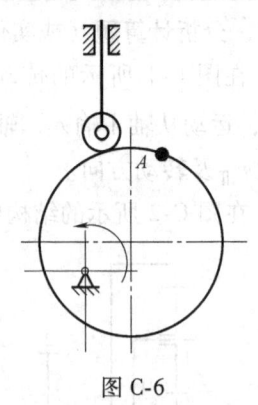

图 C-6

3. 图 C-7 所示为一传动轴，如何改变外力偶的作用位置以提高轴的承载能力？

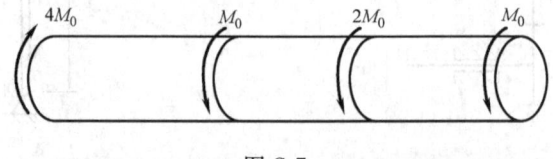

图 C-7

D 卷

一、单项选择题

1. 一对齿轮啮合时,两齿轮的（　　）始终相切。
 A. 分度圆　　　　B. 基圆　　　　C. 节圆　　　　D. 齿根圆

2. 凸轮机构中的压力角是指（　　）间的夹角。
 A. 凸轮上接触点的法线与从动件的运动方向
 B. 凸轮上接触点的法线与该点线速度
 C. 凸轮上接触点的切线与从动件的运动方向

3. 螺纹的公称直径（管螺纹除外）是指它的（　　）。
 A. 内径 d_1　　　　B. 中径 d_2　　　　C. 外径 d

4. 凸轮与从动件接触处的运动副属于（　　）。
 A. 高副　　　　B. 转动副　　　　C. 移动副

5. 平键联接如不能满足强度条件要求时,可在轴上安装一对平键,使它们沿圆周相隔（　　）。
 A. 90°　　　　B. 120°　　　　C. 135°　　　　D. 180°

6. 为保证四杆机构良好的力学性能,（　　）不应小于最小许用值。
 A. 压力角　　　　B. 传动角　　　　C. 极位夹角

7. 曲柄摇杆机构中,摇杆为主动件时,（　　）死点位置。
 A. 存在　　　　B. 曲柄与连杆共线时为　　　　C. 摇杆与连杆共线时为

8. 带传动主要是依靠（　　）来传递运动和动力的。
 A. 带和两轮接触面之间的正压力　　　　B. 带的紧边拉力
 C. 带和两轮接触面之间的摩擦力　　　　D. 带的松边拉力

9. 在常用的螺旋传动中,传动效率最高的螺纹是（　　）。
 A. 三角形螺纹　　　　B. 梯形螺纹　　　　C. 锯齿形螺纹　　　　D. 矩形螺纹

10. 对心曲柄滑块机构曲柄长度 r 与滑块行程 h 的关系是（　　）。
 A. $h = r$　　　　B. $h = 2r$　　　　C. $h = 3r$

二、判断题（正确的划√错误的划×）

（　）1. 机构最基本的制造单元是构件。

（　）2. 带传动中包角直接影响了带的最大摩擦力,所以设计中应保证包角不小于一定数值。

（　）3. 为使平面连杆机构具有急回运动,行程速比系数 K 越小,急回特性越显著。

（　）4. 两端用光滑铰链连接的构件均为二力构件。

（　）5. 在受均布载荷作用的梁段内,用截面法截出的各横截面上的弯矩都相等。

（　）6. 由于齿宽 b 越大,承载能力越高,因而齿宽系数取得越大越好。

（　）7. 只要保持力偶矩的大小和转向不变,改变力和力偶臂的大小,不改变力偶的作用效应。

（　）8. 作用于刚体上的力在刚体内沿其作用线移动而不改变其对刚体的运动效应。

(   ) 9. 基圆内无渐开线。

(   ) 10. 考虑到轮齿热膨胀、润滑和安装的需要，设计齿轮时应在轮齿间留有一定的侧隙。

(   ) 11. 只要两个力大小相等、方向相反，该二力就组成一力偶。

(   ) 12. 蜗杆传动中，蜗杆、蜗轮的旋向相同。

(   ) 13. 曲柄摇杆机构的压力角越大，则机构传动越费力，效率越低。

(   ) 14. 对于平面弯曲梁，横截面为 $b \times h$ 的矩形，在截面积相等的情况下，其强度相同。

(   ) 15. 凸轮转速决定了从动杆的运动规律。

三、填空题

1. 力学中，未知量的个数小于等于相应的独立平衡方程数，能求得唯一解的问题称为_____。

2. 能绕固定铰链中心作整周转动的连架杆称为_____，若只能在小于 360° 的某一角度内摆动，则称为_____。

3. 曲柄摇杆机构产生死点位置的条件时，摇杆为_____，曲柄为_____。

4. 一般情况下，平面任意力系可列_____个平衡方程，空间任意力系可列_____个平衡方程。

5. 齿轮传动的重合度越大，表示同时参与啮合的轮齿对数_____，齿轮传动也越_____。

6. 构件抵抗变形的能力称为_____，抵抗破坏的能力称为_____。

7. 实现间歇运动的机构主要有_____、_____和_____。

8. 采用螺纹联接时，当一个被联接件太厚，不易打通孔且经常装拆时宜选用_____联接；当有一较厚的被联接件，而不经常装拆时宜采用_____联接。

9. 刚体只受两个力的作用而平衡，其平衡的必要与充分条件是：_____。

10. 机构具有确定运动的条件是_____。

四、分析计算题（或实作题）

1. 计算图 D-1 所示机构的自由度，判定图示机构的运动是否确定（图中画有箭头的构件为原动件）。若有复合铰链、局部自由度和虚约束要明确指出。

2. 如图 D-2 所示，已知杆 CD 为最短杆。若要构成曲柄摇杆机构，机架 AD 的长度至少

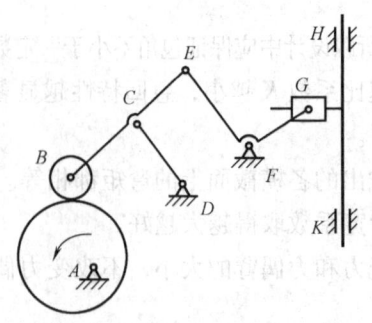

图 D-1

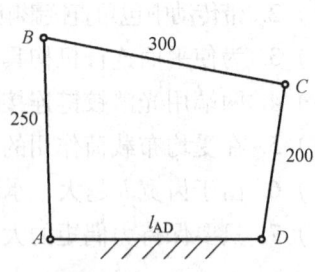

图 D-2

取多少（图中长度单位为 mm）？

3. 图 D-3 所示阶梯形圆截面杆，承受轴向载荷 $F_1 = 50\text{kN}$ 与 F_2 作用，AB 与 BC 段的直径分别为 $d_1 = 20\text{mm}$ 和 $d_2 = 30\text{mm}$，欲使 AB 与 BC 段横截面上的正应力相同，试求载荷 F_2 的值。

4. 某传动轴如图 D-4 所示，转速 $n = 300\text{r/min}$，轮 1 为主动轮，输入的功率 $P_1 = 50\text{kW}$，轮 2、轮 3 与轮 4 为从动轮，输出功率分别为 $P_2 = 10\text{kW}$，$P_3 = P_4 = 20\text{kW}$。

1）试画轴的扭矩图，并求轴的最大扭矩。

2）若将轮 1 与轮 3 的位置对调，轴的最大扭矩变为何值，对轴的受力是否有利。

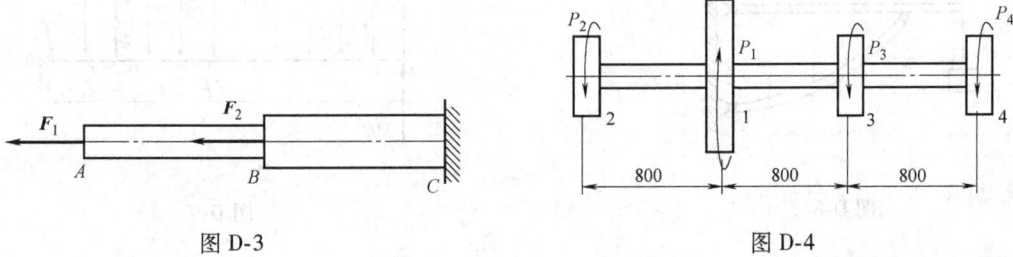

图 D-3　　　　　　　　图 D-4

5. 如图 D-5 所示，已知梁 AB 上作用一力偶，力偶矩为 M，梁长为 l，梁重不计。试求支座 A 和 B 的约束力。

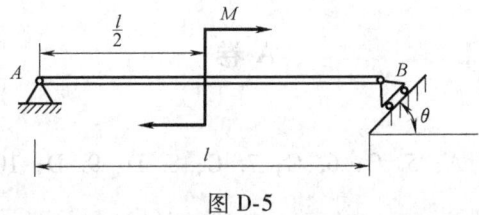

图 D-5

五、综合题

1. 图 D-6 所示的蜗杆-斜齿圆柱齿轮传动系统中，已知蜗杆主动，轮 4 的转向及螺旋线方向如图所示。为了使轴 Ⅱ 轴承上所受的轴向力抵消一部分，试在图中作出：轴 Ⅰ 与轴 Ⅱ 的转向；轮 2、轮 3 的螺旋线方向和轴向力 F_{a2}、F_{a3} 的方向。

2. 图 D-7 所示的杆 AB 作匀速圆周运动，转向如图所示。试解答：

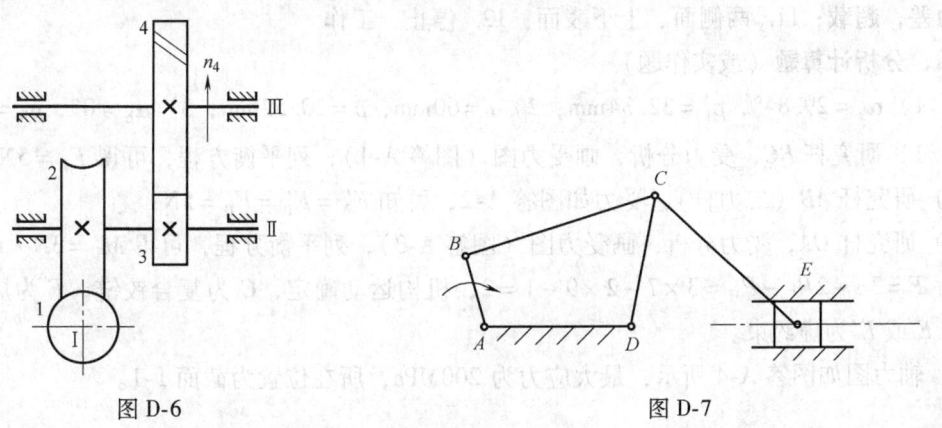

图 D-6　　　　　　　　图 D-7

1）用作图法找出滑块 E 的两个极限位置。

2）由作图判断滑块是否存在急回运动？急回方向朝向何方？

3）若机构以滑块为主动，指出曲柄 AB 的两个死点位置。

4）该机构由哪些基本机构联合组成？

5）滑块与导槽属于什么运动副连接？

3. 如图 D-8 所示，试画出梁 AB 的受力图。

4. 试建立图 D-9 所示梁的剪力与弯矩方程，并画剪力图与弯矩图。

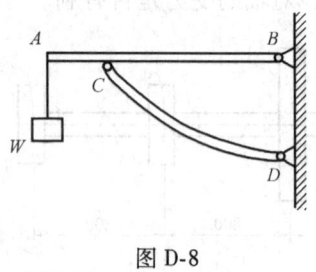

图 D-8

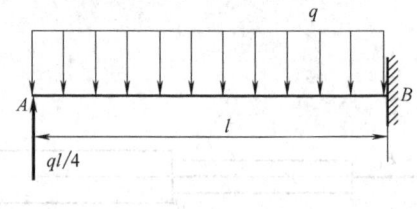

图 D-9

附录 C　机械设计基础自测试题参考答案

A 卷

一、单项选择题

1. C；2. C；3. C；4. A；5. C；6. C；7. C；8. D；9. D；10. B；11. C；12. C；13. C；14. A；15. A。

二、判断题（正确的划√，错误的划×）

1. √；2. √；3. √；4. ×；5. √；6. ×；7. √；8. ×；9. ×；10. ×。

三、填空题

1. 点，线；2. 曲柄摇杆，双曲柄，双摇杆；3. 等速；4. 节点，一对；5. 模数，压力角；6. 不，不；7. 打滑，疲劳断裂；8. 小带轮转速，计算功率；9. 弯矩，转矩；10. 两边的拉力差，超载；11. 两侧面、上下表面；12. 停止，工作

四、分析计算题（或实作题）

1. 1）$\alpha_k = 29.84°$，$\rho_k = 32.34\text{mm}$；2）$r = 60\text{mm}$，$\rho = 20.52\text{mm}$；3）$\alpha_b = 0°$，$\rho_b = 0$。

2. 1）研究杆 BC，受力分析，画受力图（图答 A-1），列平衡方程，可得 $F_B = 5\text{N}$；

2）研究杆 AB（二力杆），受力如图答 A-2，可知 $F'_A = F'_B = F_B = 5\text{N}$；

3）研究杆 OA，受力分析，画受力图（图答 A-3），列平衡方程，可得 $M_1 = 3\text{N·m}$。

3. $F = 3n - 2P_L - P_H = 3×7 - 2×9 - 1 = 2$，机构运动确定，$C$ 为复合铰链、F 为局部自由度、E 或 E' 为虚约束。

4. 轴力图如图答 A-4 所示，最大应力为 200MPa，所在位置为截面 1-1。

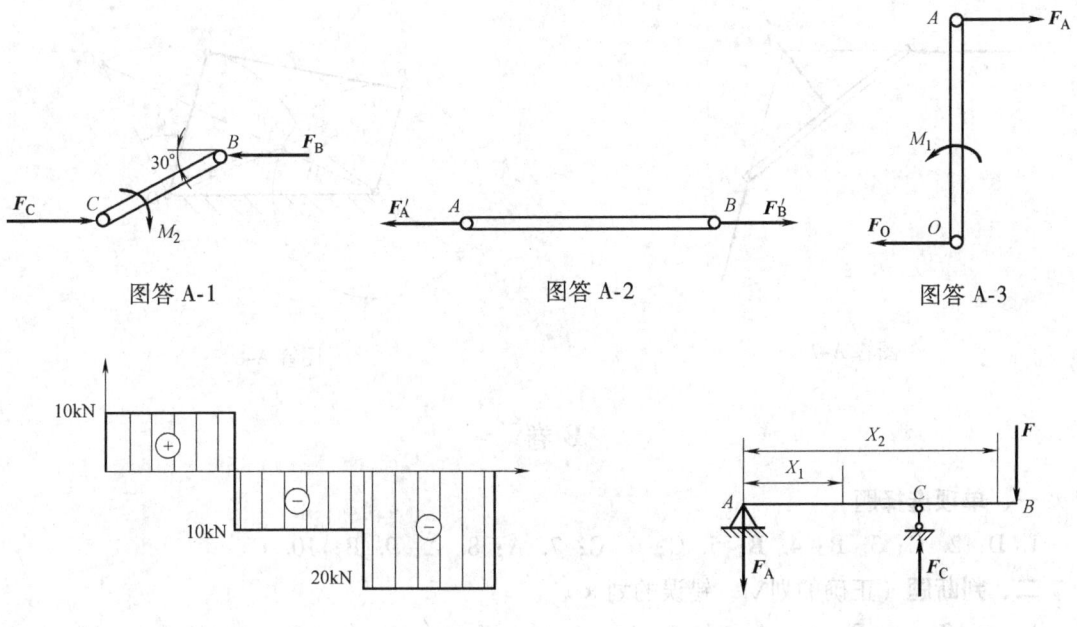

图答 A-1　　　　图答 A-2　　　　图答 A-3

图答 A-4　　　　图答 A-5

5. 1) 求约束反力（图答 A-5）：$F_A = F/2$，$F_C = 3F/2$；

2) 列剪力方程与弯矩方程（图答 A-5）

$$F_{Q1} = -\frac{F}{2} \quad (0 < x_1 < l), \quad M_1 = -\frac{F}{2}x_1 \quad (0 \leq x_1 \leq l)$$

$$F_{Q2} = F \quad (l < x_2 < 3l/2), \quad M_2 = F\left(x_2 - \frac{3l}{2}\right) \quad (l \leq x_2 \leq 3l/2)$$

3) 画剪力图与弯矩图（图答 A-6）。

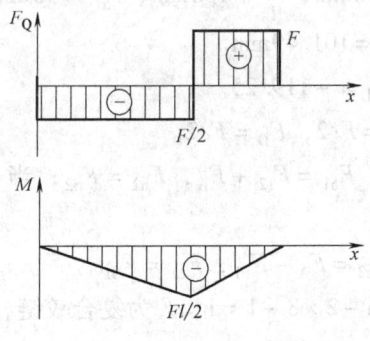

图答 A-6

5. 综合题

1. a) 为曲柄摇杆机构，b) 为双摇杆机构。

2. 杆 AB 的受力图如图答 A-7 所示。

3. 如图答 A-8 所示，摇杆极限位置为 DC_1、DC_2，极位夹角 θ 和摇杆摆角 ψ。

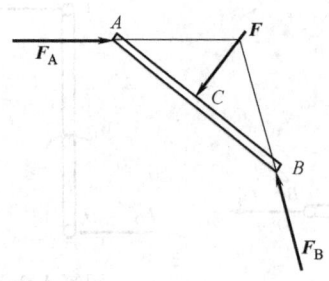
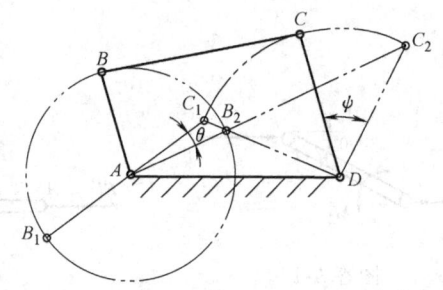

图答 A-7　　　　　　　　　　　　　图答 A-8

B 卷

一、单项选择题

1. D；2. C；3. B；4. B；5. C；6. C；7. A；8. A；9. B；10. C。

二、判断题（正确的划√，错误的划×）

1. ×；2. ×；3. ×；4. √；5. √；6. ×；7. √；8. ×；9. √；10. ×；11. √；12. ×；13. √；14. √；15. ×。

三、填空题

1. 最短杆；2. 增大基圆半径；3. $z/\cos\beta^3$；4. 共线；5. 双摇杆；6. 连杆 b 的长度大于曲柄 a 的长度；7. 无；8. 大，平直，厚；9. 偏距为半径，凸轮转动中心为圆心；10. 模数相等，压力角相等，螺旋角相等；11. 限制蜗轮滚刀的数目及便于滚刀的标准化；12. 扭转强度；13. 与机架共线；14. 1.3；15. 传动轴，转轴。

四、分析计算题（或实作题）

1. $z_1 = 18$、$z_2 = 54$、$r_1 = 36\text{mm}$、$r_2 = 108\text{mm}$、$r_{a1} = 40\text{mm}$、$r_{a2} = 112\text{mm}$、$r_{f1} = 31\text{mm}$、$r_{f2} = 103\text{mm}$、$r_b = 33.83\text{mm}$、$r_b = 101.49\text{mm}$。

2. $z_3 = z_2 - z_1 + z_{2'} = 48$，$i_{1H} = -119/25$。

3. $F_A = F/2$，$F_B = F$，$F_C = F/2$，$F_D = F/2$。

4. 1) 当 $F_{s2} + F_A > F_{S1}$ 时，$F_{a1} = F_{s2} + F_A$，$F_{a2} = F_{S2}$；当 $F_{S2} + F_A < F_{S1}$ 时，$F_{a2} = F_A - F_{S1}$，$F_{a1} = F_{S1}$；

2) 当 $F_A < F_{S1} - F_{S2}$ 时，$F_{a2} = F_A - F_{S1}$，$F_{a1} = F_{S1}$。

5. $F = 3n - 2P_L - P_H = 3 \times 6 - 2 \times 8 - 1 = 1$，$F$ 为复合铰链，H 或 I 为虚约束。

6. 1) 计算最大弯矩：$M_{\max} = 2.25\text{N}\cdot\text{m}$；

2) 确定最大正应力：平放 $\sigma_{\max} = 3.91\text{MPa}$，竖放 $\sigma_{\max} = 1.95\text{MPa}$；

3) 比较平放与竖放时的最大正应力：$\sigma_{\max}$（平放）/$\sigma_{\max}$（竖放）$= 2$。

五、综合题

1. 各个作用力（F_t、F_r、F_a）的方向如图答 B-1 所示。

2. 杆 AB 的受力图如图答 B-2 所示。杆 CD 的受力图如图答 B-3 所示。

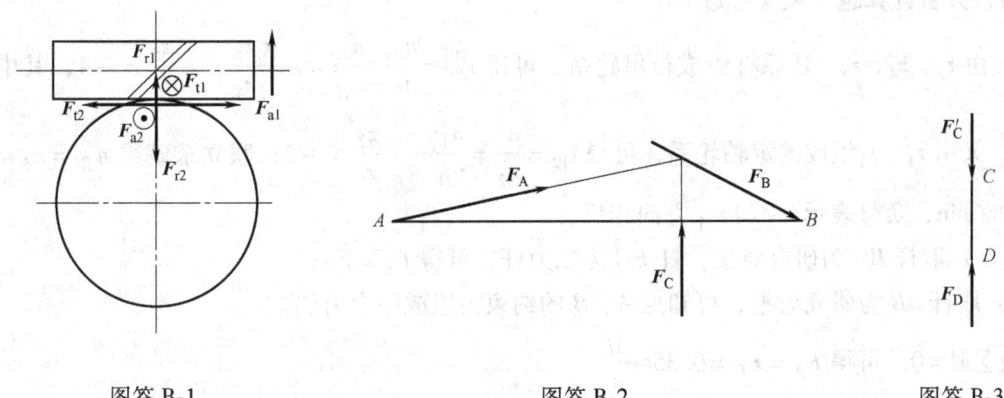

| 图答 B-1 | 图答 B-2 | 图答 B-3 |

3. 轴系结构错误如图答 B-4 所示。

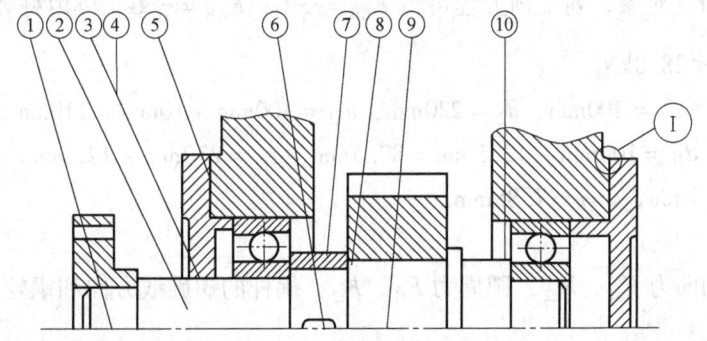

图答 B-4

①缺少键；②轴精加工面过长；③端盖孔与轴径间无间隙；④端盖孔与轴缺少密封；⑤缺少调整垫片；
⑥多一个键；⑦轴承外圈定位超高；⑧齿轮左侧轴向定位不可靠；⑨缺一个键；⑩轴承外圈定位超高。

C 卷

一、单项选择题

1. C；2. C；3. A；4. C；5. A；6. C；7. D；8. B；9. B；10. C。

二、判断题（正确的划√，错误的划×）

1. √；2. √；3. √；4. √；5. √；6. √；7. √；8. ×；9. √；10. ×；11. ×；12. ×；13. ×；14. ×；15. ×。

三、填空题

1. 相反；2. 等于；3. 无，有；4. 剪切和挤压，扭转，弯曲；5. 大于，高；6. 蜗杆，蜗轮；7. 定轴，周转星轮；8. 转轴，心轴，传动轴；9. 摩擦力，机械，破坏螺纹；10. 强度校核，设计截面尺寸，确定许用载荷；11. 轴的直径；12. 折断，疲劳点蚀，胶合，磨损，塑性变形。

四、分析计算题（或实作题）

1. 由 z_3、z_4、z_5、H 系杆组成行星轮系，可得 $i_{35}^H = \dfrac{n_3 - n_H}{n_5 - n_H} = -\dfrac{z_4 z_5}{z_3 z_4} = -\dfrac{z_5}{z_3} = -4$，其中 $n_5 = 0$，又由 z_1、z_2 组成的定轴轮系，可得 $i_{12} = \dfrac{n_1}{n_2} = \dfrac{n_1}{n_H} = -\dfrac{z_2}{z_1} = -2$；联立求解得 $n_{II} = n_3 = -2500\text{r/min}$，负号表示 n_{II} 与 n_I 方向相反。

2. 1）取杆 BC 为研究对象，杆 BC 为二力杆，可得 $F_B = F_C$；

2）取杆 AB 为研究对象，可知点 A、B 的约束力组成一个力偶，

由 $\sum M = 0$. 可得 $F_A = F_C = 0.354 \dfrac{M}{a}$。

3. $F = 3n - 2P_L - P_H = 3 \times 6 - 2 \times 8 - 1 = 1$，机构运动确定，$C$ 为复合铰链，F 为局部自由度。

4. 以 B 为研究对象，列平衡方程可得 $F_{CB} = \dfrac{5}{3}G$；$F_{AB} = \dfrac{4}{3}G$，再由杆 AB 及杆 BC 的强度条件可求得 $G \leqslant 28.8\text{kN}$。

5. $m = 5\text{mm}$，$d_1 = 100\text{mm}$，$d_2 = 220\text{mm}$，$d_{a1} = 100\text{mm} + 10\text{mm} = 110\text{mm}$，$d_{a2} = 220\text{mm} + 10\text{mm} = 230\text{mm}$，$d_{f1} = 100\text{mm} - 12.5\text{mm} = 87.5\text{mm}$，$d_{f2} = 220\text{mm} - 12.5\text{mm} = 207.5\text{mm}$，$p = 3.14 \times 5\text{mm} = 15.7\text{mm}$，$s = e = 7.85\text{mm}$。

五、综合题

1. 两轮的轴向力 F_{a1}、F_{a2}，圆周力 F_{t1}、F_{t2}，蜗杆的螺旋线方向和蜗轮的转动方向如图答 C-1 所示。

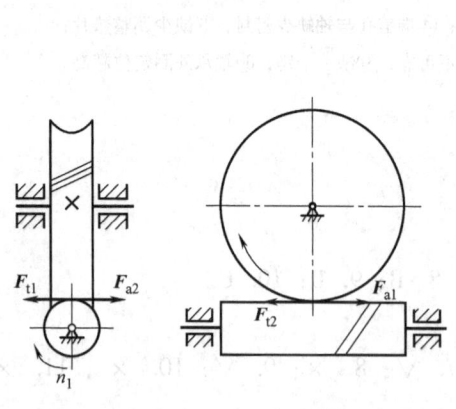

图答 C-1

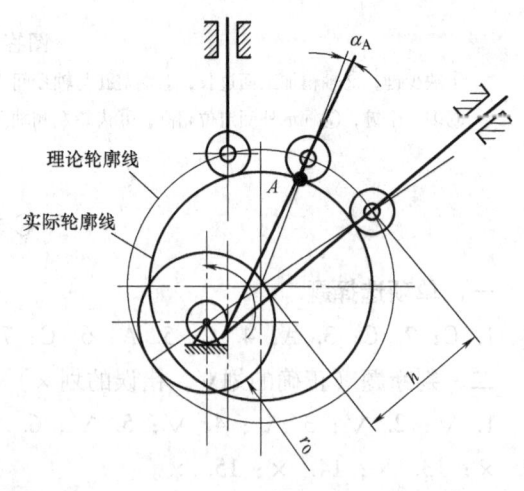

图答 C-2

2. 如图答 C-2 所示。

3. 如图答 C-3 所示，将 $4M_o$ 向右移至 $2M_o$ 处，将 $2M_o$ 右移至 M_o 处，将 M_o 左移至 $4M_o$ 处可使轴的最大转矩减少一半，使轴的承载能力提高一倍。

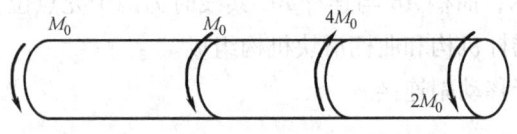

图答 C-3

D 卷

一、单项选择题

1. C；2. A；3. C；4. A；5. D；6. B；7. B；8. C；9. D；10. B。

二、判断题（正确的划√，错误的划×）

1. ×；2. √；3. ×；4. ×；5. ×；6. ×；7. √；8. √；9. √；10. ×；11. ×；12. √；13. √；14. ×；15. ×。

三、填空题

1. 静定问题；2. 曲柄，摇杆；3. 主动件，从动件；4. 3，6；5. 越多，平稳；6. 刚度，强度；7. 棘轮机构，槽轮机构，不完全齿轮机构；8. 双头螺柱、螺钉；9. 大小相等，方向相反，作用在同一条直线上；10. 自由度大于零，且等于原动件数。

四、分析计算题（或实作题）

1. $F = 3n - 2P_L - P_H = 3 \times 6 - 2 \times 8 - 1 = 1$，机构运动确定，$B$ 为局部自由度，H 或 K 为虚约束。

2. $250\text{mm} \leqslant l_{AD} \leqslant 350\text{mm}$。

3. $F_2 = 62.5\text{kN}$。

4. 1）轴的扭矩图如图答 D-1 所示，轴的最大扭矩 $T_{\max} = 1273.4\text{kN} \cdot \text{m}$；

2）对调轮 1 与轮 3，扭矩图如图答 D-2 所示，轴的最大扭矩 $T_{\max} = 955\text{kN} \cdot \text{m}$，对轴的受力有利。

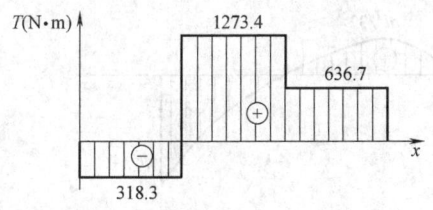

图答 D-1

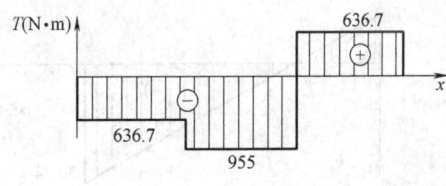

图答 D-2

5. $F_A = F_B = \dfrac{M}{l\cos\theta}$。

五、综合题

1. 如图答 D-3 所示。

2. 1）如图答 D-4 所示，滑块 E 的两个极限位置为 E_1、E_2。

2）存在急回运动，急回方向为 E_2 到 E_1 的方向。

3）如图答 D-4 所示，曲柄 AB 与连杆 BC 共线时为两个死点位置。

4）该机构由曲柄摇杆机构和曲柄滑块机构组成。

5）滑块与导槽属于移动副连接。

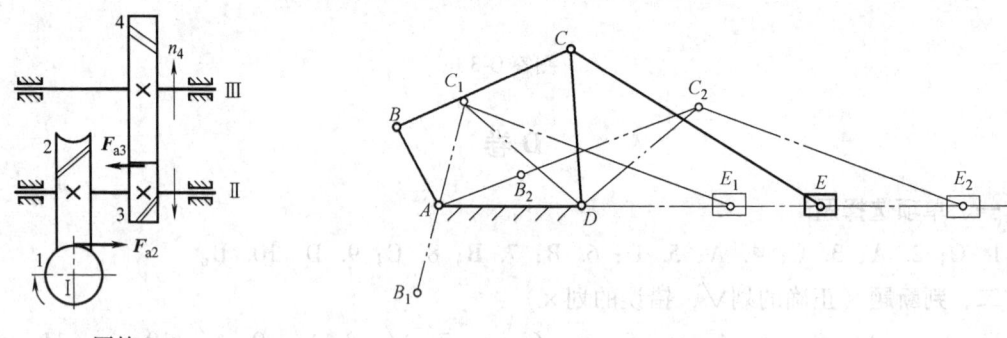

图答 D-3   图答 D-4

3. 梁 AB 的受力图如图答 D-5 所示。

4. 1）如图答 D-6 所示，列剪力方程与弯矩方程为

$$F_Q = \frac{ql}{4} - qx = q\left(\frac{l}{4} - x\right) \quad (0 < x < l) \qquad M_1 = \frac{ql}{4}x - \frac{q}{2}x^2 \quad (0 \leqslant x \leqslant l)$$

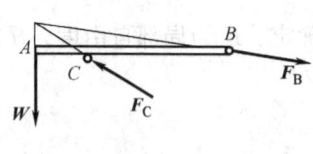 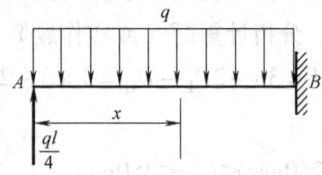

图答 D-5   图答 D-6

2）剪力图与弯矩图如图答 D-7 所示。

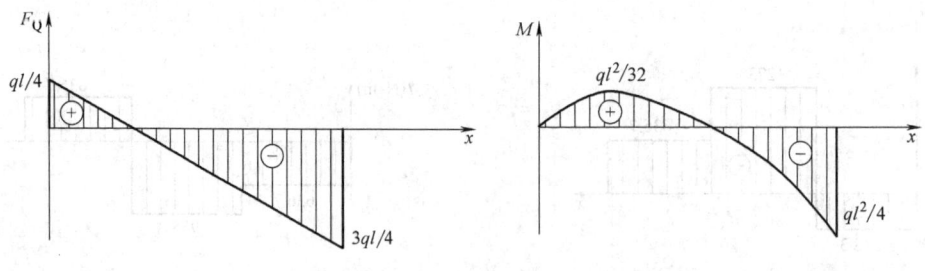

图答 D-7

参 考 文 献

[1] 李国斌. 机械设计基础（含工程力学）[M]. 北京：机械工业出版社，2010.
[2] 李国斌，梁建和. 机械设计基础 [M]. 北京：清华大学出版社，2007.
[3] 陈立德. 机械设计基础 [M]. 北京：高等教育出版社，2000.
[4] 张建中. 机械设计基础 [M]. 北京：高等教育出版社，2007.
[5] 朱凤芹，周志平. 机械设计基础 [M]. 北京：北京大学出版社，2008.
[6] 赵亮培，许毅. 机械设计基础 [M]. 西安：西安电子科技大学出版社，2010.
[7] 范思冲. 机械基础 [M]. 北京：机械工业出版社，2006.
[8] 柴鹏飞. 机械设计基础 [M]. 北京：机械工业出版社，2004.
[9] 丁洪生. 机械设计基础 [M]. 北京：机械工业出版社，2000.
[10] 黄瑗昶. 机械设计基础习题集 [M]. 天津：天津大学出版社，2009.
[11] 于晓文. 机械设计基础习题集 [M]. 北京：中国计量出版社，2011.
[12] 郑立新. 机械设计基础习题集 [M]. 成都：西南交通大学出版社，2007.
[13] 王先，何航红. 工程力学 [M]. 广州：华南理工大学出版社，2008.
[14] 吴建蓉. 工程力学与机械设计基础 [M]. 2版. 北京：电子工业出版社，2007.
[15] 王永跃，徐光文. 工程力学 [M]. 天津：天津大学出版社，2005.